ABITUR-WISSEN
BIOLOGIE

Michael Koops
Verhaltensbiologie

STARK

Dieser Band wurde nach der neuen Rechtschreibung abgefasst.

ISBN 978-3-89449-427-8

© 2001 by Stark Verlagsgesellschaft mbH
D-85318 Freising · Postfach 1852 · Tel. (0 81 61) 1790
Auflage 2008
Nachdruck verboten!

Inhalt

Vorwort

Verhalten ist genetisch programmiert | 1

1 Was versteht man unter „Verhalten"? | 2
1.1 Einfache Verhaltensweisen: Taxien | 3
1.2 Reflexe | 5

2 Klassische Ethologie | 8
2.1 Angeborene Verhaltensweisen – einführende Beispiele | 10
2.2 Das Ethogramm – eine Methode der Verhaltensforschung | 12
2.3 Attrappe, Reiz und Auslösemechanismus | 13
2.4 Übernormale Reize, Reizsummenregel, Reizschwellen | 16
2.5 Handlungsbereitschaft und das Prinzip der doppelten Quantifizierung | 21
2.6 Appetenzverhalten | 24
2.7 Erbkoordination und Taxis | 25
2.8 Das Reifen von Verhaltensweisen | 30

3 Angeborenes Verhalten beim Menschen | 32
3.1 Kinder sind „so süß": Das Kindchenschema | 32
3.2 Frau oder Mann? Das Partnerschema | 35
3.3 Angeborene Verhaltensweisen beim Kleinkind | 37

4 Nachweismethoden für angeborenes Verhalten | 39
4.1 Attrappen helfen bei der Suche nach Schlüsselreizen – verschiedene Beispiele | 39
4.2 Kreuzungsexperimente | 44
4.3 Beobachtungen unmittelbar nach der Geburt | 46
4.4 Isolationsversuche | 46
4.5 Zwillingsvergleich | 48
4.6 Kulturübergreifender Vergleich | 50

Zusammenfassung | 52

Verhalten ist erlernt | 53

1 Was versteht man unter Lernen? | 54

2 Die Entwicklung von Verhalten | 56
2.1 Habituation: Die Wirkung wiederholter Reize lässt nach | 56
2.2 Die Prägung: Ein bleibender Eindruck | 61
2.3 Prägungsähnliche Lernvorgänge | 68

3 Arten des Lernens | 71
3.1 Klassische Konditionierung: Wenn das Wasser im Mund zusammenläuft ... | 71
3.2 Operante Konditionierung: Lernen anhand von Konsequenzen | 76

Fortsetzung siehe nächste Seite

3.3	Latentes Lernen	85
3.4	Lernen durch Nachahmung (Imitation)	86
3.5	Lernen durch Einsicht	90
3.6	Spielverhalten: Spiel ist Spiel und Ernst zugleich …	94
	Zusammenfassung	**96**

Kognitive Fähigkeiten bei Tier und Mensch — 97

1	**Werkzeuggebrauch und Werkzeugherstellung**	**98**
2	**Selbstwahrnehmung und Selbstbewusstsein bei Tieren**	**101**
3	**Verständigung bei Tieren**	**103**
3.1	Der Bienentanz	103
3.2	Sprache bei Menschenaffen	107
4	**Das Gehirn und das Gedächtnis des Menschen**	**110**
4.1	Sprachzentren und Lateralisierung	110
4.2	Das Gedächtnis	113
	Zusammenfassung	**117**

Evolution und Sozialverhalten — 119

1	**Einführung in die Soziobiologie**	**120**
1.1	Gene steuern das Verhalten	121
1.2	„Survival of the fittest" – Darwins Evolutionstheorie	122
1.3	Gruppenselektion contra Individualselektion	124
2	**Vom Nutzen der Gemeinschaft**	**126**
2.1	Kooperation – beidseitiger Nutzen ohne Kosten	126
2.2	Altruismus – Helferverhalten mit Kosten	128
2.3	Reziproker Altruismus (Reziprozität)	128
2.4	Nepotistischer Altruismus oder: das Modell der Verwandtenselektion	132
2.5	Altruistisches Verhalten bei Tierstaaten	136
3	**Aggression bei Mensch und Tier**	**141**
3.1	Was versteht man unter Aggression?	141
3.2	Erscheinungsformen aggressiven Verhaltens	142
3.3	Ursachen aggressiven Verhaltens	144
3.4	Der Infantizid – ein Weg zur Verbreitung eigener Gene?	146
	Zusammenfassung	**148**

Stichwortverzeichnis 149
Abbildungsnachweis 152

Autor: Michael Koops

Vorwort

Liebe Schülerinnen und Schüler,

die Verhaltensbiologie ist eines der interessantesten und faszinierendsten Gebiete der Biologie. Die Verhaltensbiologie fragt nicht nur, warum ein bestimmtes Tier dieses oder jenes tut, sondern auch nach den Gründen unseres eigenen Handelns. Insofern ist die Verhaltensbiologie ein Bereich der Biologie, der jeden von uns Tag für Tag begleitet, auch wenn wir uns dessen nicht immer bewusst sind.

Trotz dieser Faszination bereitet die Verhaltensbiologie Schülerinnen und Schülern wegen der Vielfalt und Vieldeutigkeit einzelner Fachbegriffe aber oft Schwierigkeiten. Deshalb werden in diesem Buch nicht einfach Begriffe angehäuft, sondern **definiert** und in ihrem jeweiligen Zusammenhang anhand **konkreter Beispiele** anschaulich und ausführlich erklärt. Dadurch wird erreicht, dass Sie sich in die **Fragestellungen, Methoden und Ergebnisse** der Verhaltensbiologie hineindenken können.
Damit Sie möglichst schnell und effizient für Ihre Prüfungen lernen können, gibt es an vielen Stellen **Erläuterungen** in der Randspalte, die Ihnen bei der Orientierung helfen.

Ich hoffe, dass Ihnen neben den prüfungsrelevanten Inhalten mit diesem Buch auch ein wenig Begeisterung für die Themen der Verhaltensbiologie vermittelt werden kann.

Für die Abiturprüfung wünsche ich Ihnen viel Erfolg … und das notwendige Quäntchen Glück.

Michael Koops

Danken möchte ich an dieser Stelle den Abiturienten meines Leistungskurses am Gymnasium Oldenfelde in Hamburg („Abi 2000"), die eine Reihe von Seiten in der Praxis kritisch „begutachtet" haben. Mein besonderer Dank gehört meiner Kollegin Marie-Luise Holtz, die das gesamte Manuskript in ihrer Freizeit auf Fehler hin durchgesehen hat.

Verhalten ist genetisch programmiert

„Wenn man Kritik an dieser Zeit gründlicher Forschung üben will, kann man ihr Einseitigkeit vorwerfen, ja sogar einen Mangel an ganzheitlichem Denken. Dieser lag darin, dass Lernvorgänge weitgehend außer Betracht gelassen wurden. Vor allem wurden die Beziehungen und Wechselwirkungen, die zwischen den neu gefundenen angeborenen Verhaltensmechanismen und den verschiedenen Formen des Lernens bestehen, kaum untersucht."
Konrad Lorenz, *Vergleichende Verhaltensforschung. Grundlagen der Ethologie,* 1978

1 Was versteht man unter „Verhalten"?

Lebewesen zeigen vielfältigste Verhaltensweisen: Ein Hund trinkt Wasser, ein Ganter begibt sich auf die Suche nach einer Partnerin, ein Säugling saugt an der Brust der Mutter, ein Einzeller flüchtet vor dem Licht einer Laborlampe – oder ein Kind streckt uns kess seine Zunge entgegen (Abb. 1).

All diesen Erscheinungen ist gemein, dass es sich um von außen beobachtbare „Aktionen" handelt. Bei einem Teil dieser Verhaltensweisen reagieren Lebewesen auf äußere Reize, bei anderen wird ein bestimmtes Verhalten spontan gezeigt, Lebewesen agieren also ohne äußere Reize quasi aus „innerem Antrieb". Verhalten kann damit grundsätzlich **agierenden** als auch **reagierenden** Charakter aufweisen. Einige Wissenschaftler schließen allerdings spontan auftretendes Verhalten aus ihrem Ansatz aus – sie sehen Lebewesen prinzipiell als „Reiz-Reaktionsmaschinen". Generell nennt man heute aber beide Aspekte, wenn man Verhalten zu definieren versucht.

Abb. 1: Ein „freches" Mädchen streckt seinen Eltern die Zunge raus.

In aller Regel beschränkt sich die Verhaltensforschung auf Beobachtungen an Tieren und dem Menschen. Auffällige Bewegungen von Pflanzen, wie man sie bei der Mimose oder bei der Venusfliegenfalle kennt, zählt man nicht zum Bereich der Verhaltensbiologie. Der Grund liegt zum einen in der Tradition der Verhaltensforschung (Pflanzen sind per se kein Versuchsobjekt), zum anderen darin, dass Tiere und höhere Pflanzen prinzipiell unterschiedliche anatomische Strukturen aufweisen und Ergebnisse nicht ohne Weiteres übertragen werden können (Pflanzen besitzen kein Nervensystem).

Unter **Verhalten** versteht man alle beobachtbaren Lebensäußerungen, agierende und reagierende, von Tieren und Menschen.

Reize sind Umwelteinflüsse, die bei Lebewesen bestimmte Reaktionen hervorrufen.

Lebewesen als **Reiz-Reaktionsmaschinen** würde bedeuten, dass auf jeden spezifischen Reiz eine ganz bestimmte Reaktion erfolgt.
→ vgl. Seite 76 ff.

Nervensystem: System verschiedener spezialisierter Zellen, die Reize aus dem Körper und der Umwelt aufnehmen, verarbeiten und entsprechende Körperreaktionen auslösen.

1.1 Einfache Verhaltensweisen: Taxien

Um auf Reize seiner Umwelt reagieren zu können, muss ein Lebewesen diese Reize zu einem gewissen Grade „einschätzen" können. Welche Reize bedeutsam sind, hängt jeweils vom Lebewesen und seinem Lebensraum ab. In vielen Fällen besitzen Tiere zur Auswertung der Umweltreize ein mehr oder weniger komplexes Nervensystem.
Bei einfacheren Lebewesen, z. B. Einzellern, gibt es zwar kein Nervensystem, doch auch hier kommen komplexe Reizerkennungsmechanismen zum Einsatz, die ganz bestimmte, oft lebenswichtige Reize erkennen (und andere, unwichtige Reize ignorieren).
Grundsätzlich gilt aber: Je mehr reizaufnehmende und informationsverarbeitende nervöse Strukturen vorhanden sind, um so flexibler und besser kann ein Lebewesen auf Umweltreize reagieren. Im Vergleich zu einem Säugetier sind die Reaktionen eines Einzellers – wie z. B. eines Pantoffeltierchens – recht beschränkt und wenig flexibel.
Ein Beispiel für einfache, aber bereits zielgerichtete Reaktionen von Organismen, aber auch von Fortpflanzungseinheiten (z. B. Spermien) sind **Taxien**.

> Unter dem Begriff **Taxis** versteht man die gerichteten Bewegungen **freibeweglicher** Organismen oder Fortpflanzungseinheiten zu einer Reizquelle hin oder von ihr weg. Richtungsweisend ist dabei das Reizgefälle, d. h., die größere Reizmenge wirkt „anlockend" (positive Taxis) oder „abstoßend" (negative Taxis).

Photo: griech. *phos* Licht

Je nach Art des Reizes unterscheidet man verschiedene Taxien. Unter **Phototaxis** versteht man die Orientierung nach dem Licht – diese Form der Taxis findet sich u. a. bei Insekten. Fast alle in menschlichen Behausungen vorkommenden Schaben reagieren auf Licht mit einer Fluchtreaktion – sobald das Licht in der Küche angeht, suchen sie das Weite. In diesem Falle spricht man von einer **negativen Phototaxis**. Die Bewegung auf die Lichtquelle zu heißt **positive Phototaxis**.

negativ: Bewegung von der Reizquelle weg.
positiv: Bewegung zur Reizquelle hin.

Verhalten ist genetisch programmiert

Negative Phototaxis kann man bei kleineren Lebewesen mithilfe eines einfachen Experiments nachweisen (Abb. 2): Man deckt eine Hälfte einer Petrischale mit einer dunklen Pappe ab, stellt die Petrischale auf einen Overheadprojektor und gibt Fliegenlarven oder Strudelwürmer hinein. Nach kurzer Zeit werden sich die Versuchstiere in der abgedunkelten Hälfte versammeln. Neben der Phototaxis gibt es eine Reihe von Reaktionen auf andere Reizqualitäten (Tab. 1).

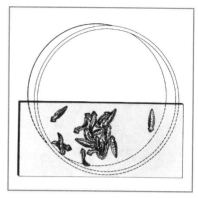

Abb. 2: Strudelwürmer sammeln sich in der abgedunkelten Hälfte (Lichteinfall von unten).

Thigmo: griech. *thigma* Berührung

Thermo: griech. *thermós* warm

Geo: griech. *geo* Erde

Verhaltensweise	Reizqualität	Beispiel
Thigmotaxis	Berührungs- oder Tastreize	Ein Ohrwurm in einer Petrischale versucht auf eine Erschütterung hin den Körper dicht an die Wand einer Petrischale zu pressen (positive Thigmotaxis).
Thermotaxis	Temperatur	Grillen, die einem Temperaturgefälle von 0 bis 45 °C ausgesetzt werden, sammeln sich in einer relativ engen Temperaturzone von etwa 27 bis 29 °C (positive Thermotaxis).
Chemotaxis	chemische Reize	Der Weg menschlicher Spermien zur Eizelle wird durch chemische Lockstoffe markiert. Die Spermien schwimmen in Richtung höherer Konzentrationen und „finden" so das Ei (positive Chemotaxis).
Geotaxis	Schwerkraft	Wasserflöhe schwimmen bei optimalen Lebensbedingungen von der Wasseroberfläche weg (positive Geotaxis).

Tab. 1: Übersicht über verschiedene Taxien nach Art des orientierenden Reizes.

Reflexe sind schnelle, äußerlich erkennbare Reaktionen eines Lebewesens auf Umwelteinflüsse.
→ vgl. Seite 5, 19

Zu den einfachsten Verhaltensweisen bei Menschen und Tieren zählen auch **Reflexe**: Ein Außenreiz führt weitgehend zu immer der gleichen Reaktion.

1.2 Reflexe

Berührt man aus Versehen die Flamme einer brennenden Kerze, zieht man die Hand blitzartig zurück, und wenn man stolpert, schnellen die Beine wie von alleine nach vorne – all dies sind Beispiele für **Reflexe**. Aus eigener Erfahrung weiß jeder, dass diese Reflexe schnell und geradezu automatisch ablaufen – und dies auch müssen. Undenkbar wäre eine überlegte Reaktion nach dem Schema: „Die Kerzenflamme ist heiß, also ziehe ich die Hand zurück" – die Haut hätte in der Zwischenzeit längst größeren Schaden genommen.

Insofern mag es nicht überraschen, dass an der Ausführung der Bewegung das Bewusstsein und unser Wille nicht beteiligt sind. Der Grund hierfür ist nahe liegend: Je weniger Zwischenstellen im Nervensystem an der Verarbeitung eines Reizes beteiligt sind, um so schneller kann die Reaktion erfolgen. Reflexe sind so gesehen sehr einfache reaktive Verhaltensformen. Es gilt für sie eine strenge Reiz-Reaktionsbeziehung.

> **Reiz-Reaktionsbeziehung** bedeutet, dass auf einen bestimmten Reiz hin unter gleich bleibenden Bedingungen immer dieselbe Reaktion erfolgt, und zwar nach dem Alles-oder-Nichts-Prinzip.

Erbkoordination
→ vgl. Seite 25
Reizschwelle
→ vgl. Seite 19

Sensorische bzw. **afferente Fasern** leiten Nervenimpulse vom Rezeptor zum ZNS.
Synapse: Kontaktstelle zwischen zwei Nervenzellen oder Nervenzelle und Muskel- oder Drüsenzelle.
Efferente Fasern leiten Nervenimpulse vom ZNS zum Erfolgsorgan.

Im Unterschied zu einer Erbkoordination kommt es bei einem Reflex nur zu relativ geringen Schwankungen bei der Reizschwelle, sodass man generell davon spricht, dass Reflexe unermüdbar und deshalb beliebig oft wiederholbar sind.

Im einfachsten Fall werden für einen Reflex nur zwei Nervenzellen (Neurone) benötigt: Eine sensorische oder afferente Nervenzelle, die die Erregung über nur **eine einzige Synapse** an eine motorische oder efferente Nervenzelle weiterleitet (afferente Bahn), die ihrerseits dann eine Reaktion im Erfolgsorgan (Muskel oder Drüse) auslöst (efferente Bahn). Einen solchen Reflex nennt man **monosynaptischen Reflexbogen** (Abb. 3). Da Rezeptor und Erfolgsorgan (Effektor) in einem Organ nahe beieinander liegen, spricht man auch von einem **Eigenreflex**.

> Reflexe, bei denen die reizaufnehmenden Strukturen (Sinneszellen, Sinnesorgan) und das Erfolgsorgan in einem räumlichen Bereich liegen, nennt man **Eigenreflexe**.

Patellar: lat. *patella* flache Scheibe; medizinisch die Kniescheibe.

Patellarsehne: Sehne an der Kniescheibe.

Bekanntestes Beispiel für einen monosynaptischen Reflexbogen ist der **Kniesehnenreflex** (auch **Patellarsehnenreflex** genannt), der z. B. beim Stolpern vor dem Hinfallen bewahrt. Experimentell löst man diesen Reflex durch einen kräftigen Schlag auf die Kniescheibensehne aus. Dieser Schlag führt zu einer Dehnung des zugehörigen Muskels und so zu einer Reizung der im Muskel gelegenen Spannungsrezeptoren. Diese maximal 3 mm langen Rezeptoren werden wegen ihrer spindelartigen Form und ihrer Lage im Muskel als **Muskelspindeln** bezeichnet. Auf die Dehnung der Muskelspindeln folgt als Reaktion eine Verkürzung des gleichen Muskels: der Unterschenkel schnellt nach vorn.

Spinalganglion: Anhäufung von Zellkörpern afferenter Nervenzellen.

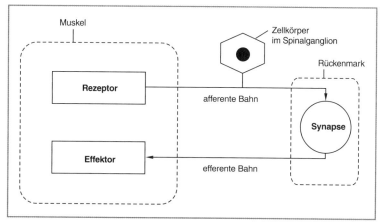

Abb. 3: Schematischer Aufbau des Reflexbogens (monosynaptisch) beim Kniesehnenreflex. Die Pfeile zeigen an, in welcher Richtung die Erregung verläuft.

Genau genommen ist die eigentlich reizaufnehmende Struktur (Rezeptor) hier eine Nervenzelle in der Muskelspindel, deren Nervenendigung ständig die aktive und passive Dehnung des Muskels erfasst. Die Erregung wird von der schnell leitenden Faser dieser Zelle über das Spinalganglion und die dorsale Wurzel direkt ins Rückenmark weitergeleitet, wo es innerhalb eines einzigen Rückenmarksegments über eine Synapse zu einer direkten Umschaltung auf ein motorisches Neuron im ventralen Vorderhorn kommt. Der Zellkörper der Sinnesnervenzelle befindet sich im Spinalganglion. Das motorische Neuron leitet dann die Erregung an den Effektor weiter, sodass es zur Kontraktion des Muskels (nicht aber der Muskelspindel) kommt. Die Reflexzeit eines solchen monosynaptischen Reflexes ist extrem kurz (20 ms).

dorsal: rückenwärts

ventral: bauchwärts

Antagonist: Gegenspieler

Natürlich bedarf es auch bei einem monosynaptischen Reflex der Hemmung des antagonistisch wirkenden Muskels. Insofern ist einzuwenden, dass die Bewegung letztlich nicht allein durch eine monosynaptische Verknüpfung zustande kommen kann. (Zudem sind an dem Reflex viele Muskelspindeln und Reflexbögen beteiligt.)

Bei dem einführenden Beispiel mit der Kerzenflamme handelt es sich um einen **Fremdreflex**. Hier sind Rezeptor und Effektor räumlich voneinander getrennt. Beim Berühren der heißen Kerzenflamme wird die Erregung der Sinneszellen aus den Fingerspitzen zum Rückenmark geleitet und dort auf eine Reihe von motorischen Nervenbahnen umgeschaltet, die mehrere Armmuskeln zur Kontraktion veranlassen und so das Zurückziehen der Hand bewirken (in der Abb. 4 ist nur eine efferente Bahn dargestellt, die Hemmung des Streckers fehlt). Fremdreflexe laufen über mindestens eine Schaltzelle (Interneuron), weshalb man sie auch als **polysynaptische Reflexe** bezeichnet. Infolge des längeren Leitungsweges bzw. der (mehrfachen) Umschaltung ist die Reflexzeit länger als beim Eigenreflex.

Kontraktion: Zusammenziehen eines Muskels.

Interneuron: lat. *inter* zwischen; ein Neuron, das zwei andere miteinander verbindet.

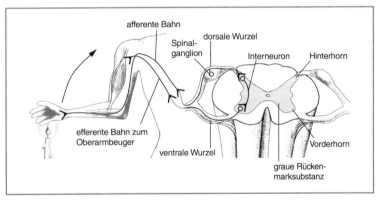

Abb. 4: Vereinfachtes Schaltschema bei einem Fremdreflex (Verbrennung am Finger).

Bei **Fremdreflexen** sind Rezeptor und Erfolgsorgan räumlich voneinander getrennt.

2 Klassische Ethologie

Ethologie: griech. *ethos* Gewohnheit; auch vergleichende Verhaltensforschung genannt.

Tier und Mensch sind durch die stammesgeschichtliche Entwicklung mit einer Reihe von Verhaltensweisen ausgestattet ist, die man unter dem Begriff „angeboren" zusammenfasst. Außer dem Menschen zeigen Tiere aber auch eine gewisse Flexibilität, d. h., sie können eigene Erfahrungen verwerten, kurz: sie können **lernen**. Das Lernvermögen gehört zur Grundausstattung eines jeden Tieres und gibt diesem die Möglichkeit, Situationen „individuell" zu bewältigen.

Die Frage, „angeboren oder erlernt?" bezieht sich stets auf bestimmte Verhaltensweisen oder Teile von Verhaltensweisen, nicht jedoch auf das Verhalten eines Lebewesens insgesamt. Der Begriff „angeboren" bedeutet nicht, wie man meinen könnte, dass ein bestimmtes Verhalten schon von Geburt an ausgeführt wird (bzw. ausgeführt werden könnte). „Angeborenes Verhalten" kann auch erst viel später im Leben eines Tieres auftreten, z. B. durch einen Reifungsprozess. Angeborenes Verhalten hat für das Überleben große Bedeutung, weil es ein Lebewesen befähigt, angemessen und schnell auf eine Situation zu reagieren, die es zum ersten Mal erlebt.

Unter **Reifung** versteht man die Perfektionierung angeborener Verhaltensweisen ohne Übung.
→ vgl. S. 30 f.

> Das **angeborene** Verhalten ist die Gesamtheit aller Verhaltensweisen, die auf im **Erbgut festgelegten** Mechanismen beruhen und **unabhängig von der Erfahrung** des einzelnen Individuums sind.

Der Anteil erlernten Verhaltens am Gesamtverhalten ist bei Säugetieren und Vögeln, die komplexere Nervensysteme besitzen, größer als bei vergleichsweise „primitiven" Organismen.

Man kann die Vorstellungen der Vertreter der klassischen Ethologie etwa so zusammenfassen: Jedes Tier einer Art verfügt über ein bestimmtes Repertoire angeborener Verhaltensweisen, die sich im Laufe der Evolution seiner Vorfahren als lebenswichtig herausgestellt haben. Die Entwicklung des Individuums kann diese angeborenen Verhaltensprogramme in verschiedene Richtungen verändern oder ergänzen. Freilich ist die Anlage, nur etwas Bestimmtes zu bestimmten Zeiten im Leben lernen zu können (die Lerndisposition), ebenfalls genetisch festgelegt.

Unter **Lerndisposition** versteht man einen erblich vorbestimmten Lernbereich.

Verhalten ist genetisch programmiert

Konrad Lorenz (1903–1989) war Mitbegründer der Ethologie.

Nach der Vorstellung des **Behaviorismus** ist fast alles Verhalten erworben (= erlernt). Das Vorhandensein angeborener Verhaltensweisen wird weitestgehend geleugnet.
→ vgl. S. 76 ff.

Der Begriff des „angeborenen Verhaltens" wurde zuerst von Ethologen wie Konrad Lorenz geprägt. Das Bestreben der Ethologen war es u. a., sich von den verbreiteten behavioristischen Anschauungen abzugrenzen. Die **Ethologen** tendierten deshalb dazu, den Begriff „angeborenes Verhalten" weitgehend in Abgrenzung zu dem des „gelernten" zu setzen und das Schwergewicht ihrer Untersuchungen auf das **angeborene Verhalten** zu legen.

Abb. 5: Konrad Lorenz.

Heute bereitet die theoretische Trennung in „angeborenes" und „erlerntes" Verhalten vielen Wissenschaftlern Schwierigkeiten, weil sich im Verhalten in aller Regel beide Komponenten miteinander verwoben finden. In vieler Hinsicht macht es jedoch auch heute noch Sinn, angeborene Verhaltensanteile von erlernten zu trennen.

> Die **klassische Ethologie** untersucht vorrangig genetisch programmierte Verhaltensweisen, ohne das Vorhandensein von Lernvorgängen zu leugnen.

Saug- und Klammerreflex
→ vgl. S. 37 f.

Tiere, die in ihrer Umwelt, ohne darüber nachdenken zu müssen, die passende Handlung sofort parat hatten, waren denjenigen, die hierzu nicht in der Lage waren, vielfach im Vorteil: Eine Kreuzspinne, die erst Schritt für Schritt zu lernen hätte, wie sie ihr kompliziertes Radnetz zu bauen hat, müsste vermutlich verhungern. Ein neugeborenes Menschenbaby, das die Brustwarze seiner Mutter am Mund spürt, beginnt aus eigenem Antrieb daran zu saugen – das Baby hat keine Zeit, diese Verhaltensweise zu erlernen. Und ein Schimpansenkind, das sich nicht mithilfe eines angeborenen Klammerreflexes im Fell seiner Mutter festhalten kann, wird bei der Flucht vor einem Raubtier vermutlich zurückbleiben.

Es ist offensichtlich, dass all diese Fertigkeiten von lebenswichtiger Bedeutung für Lebewesen sind.

2.1 Angeborene Verhaltensweisen – einführende Beispiele

Der Kuckuck ist ein Vogel, der seine Eier in das Nest einer anderen Art legt. Ein geschlüpfter Kuckuck hat demnach keinen Artgenossen, der ihn in die Welt des „Kuckuckseins" einführen könnte. Aus Sicht der Verhaltensforschung drängen sich einige Fragen daher geradezu auf: Woher weiß dieser Kuckuck überhaupt, dass er ein Kuckuck ist? Woher weiß er, dass er die Eier und Jungen seiner Pflegeeltern aus dem Nest werfen soll? Ähnliche Fragen stellen sich auch bei anderen Tieren: Woher weiß z. B. eine Kreuzspinne, wie sie ihr kompliziertes Radnetz zu spinnen hat? Schon an diesen wenigen Fragen wird deutlich, dass ein Kuckuck und eine Spinne dieses angeborenermaßen wissen müssen. Ein Kuckuck hat nie seine Eltern gesehen, und eine Art Schule für Kuckucks oder für Kreuzspinnen gibt es ebenso wenig. Diese Tiere kommen demnach nicht als „unbeschriebenes Blatt" zur Welt, sondern beide bringen ein bestimmtes Wissen über die Welt und wie sie sich darin verhalten sollen von vornherein mit. Woher aber stammt dieses ihnen nicht bewusste Verhaltensrepertoire, wenn es nicht erlernt wurde?
Es stammt letztlich von vielen ihrer Vorfahren, die in der Lage waren, sich erfolgreich fortzu-

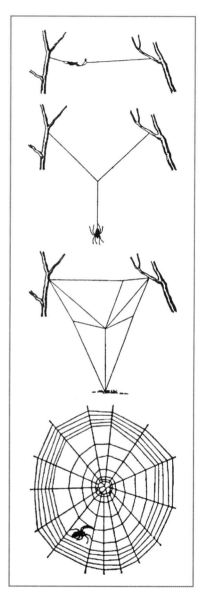

Abb. 6: Radnetze gehören zu den höchstentwickelten Netztypen, die von Spinnen hergestellt werden. Dennoch muss die Kreuzspinne den Aufbau nicht erst mühsam lernen – sie ist zu dem Bau des Netzes angeborenermaßen in der Lage.

pflanzen, weil ihnen bestimmte Fertigkeiten hierbei ganz offensichtlich gute Dienste geleistet haben. Aus Sicht des Computerzeitalters könnte man etwas salopp und unbiologisch formulieren, dass Kuckuck und Kreuzspinne offenbar mit einer „Festplatte" in ihren „Gehirncomputern" geboren werden, auf denen sehr vieles schon vorprogrammiert ist, was sich in der Vergangenheit als erfolgreich herausgestellt hat.
Auf dieser „Festplatte" gibt es viele verschiedene Programme, einige sind kurz und einfach, andere wiederum sind sehr umfangreich und komplex.
Der Vorteil einer solchen „Festplatte" liegt auf der Hand: Es muss keine Energie und Zeit für das Lernen aufgewendet werden und bestimmte Verhaltensweisen sind sofort nach der Geburt verfügbar – und das kann oft über Leben und Tod entscheiden.
In der Entwicklungsgeschichte fast jeder Tierart haben sich über Generationen hinweg immer wieder bestimmte, sehr ähnliche Probleme gestellt. Weil sich die Umwelt dieser Tiere in bestimmter Hinsicht über lange Zeiträume nur wenig änderte, konnten sich bei verschiedenen Tierarten ganz spezielle Anpassungen herausbilden. Über das Erbgut konnten diese an die nachfolgenden Generationen weitergegeben werden. Das Erbgut stellt damit die „biologische Festplatte" dar, die nicht nur darüber entscheidet, welche Körpermerkmale ein Tier hat, sondern auch darüber, welche Verhaltensweisen es zeigt.

Das **Erbgut** (Genom) ist die Gesamtheit aller Erbinformationen eines Lebewesens.

2.2 Das Ethogramm – eine Methode der Verhaltensforschung

Zur Analyse des Verhaltens eines bestimmten Tieres ist es letztlich unumgänglich eine Art **Katalog aller beobachtbaren Verhaltensweisen** eines Tieres bzw. einer Tierart zu erstellen. Einen solchen Katalog nennt man **Ethogramm**. Innerhalb aller beobachtbaren Verhaltensweisen kann man verschiedene Bereiche, die **Funktionskreise**, unterscheiden, z. B. die Funktionskreise Körperpflege, territoriales Verhalten, Erkundungsverhalten, Nahrungsaufnahme, Fortpflanzungsverhalten, Kampfverhalten usw. Die Verhaltensweisen eines bestimmten Funktionskreises können wiederum in feinere Einheiten untergliedert werden. Mithilfe einer solchen Katalogisierung ist es Verhaltenswissenschaftlern möglich festzustellen, welche Verhaltensweisen regelmäßig aufeinander folgen. In Abbildung 7 sind beispielhaft die Elemente des Kampfverhaltens beim Kampffisch dargestellt.

In einem **Funktionskreis** werden Verhaltensweisen zusammengefasst, die einem ähnlichen übergeordneten Zweck dienen (z. B. Fressen und Trinken im Funktionskreis Nahrungsaufnahme).

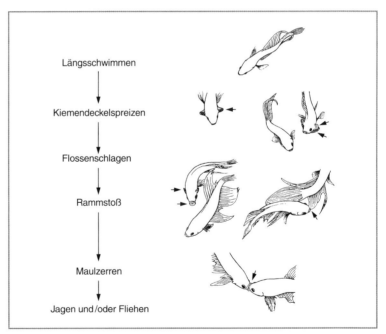

Abb. 7: Schematische Darstellung der Elemente des Kampfverhaltens und ihre zeitliche Abfolge beim Kampffisch. Die kurzen Pfeile kennzeichnen jeweils charakteristische Haltungen der Fische.

2.3 Attrappe, Reiz und Auslösemechanismus

Lebewesen reagieren nicht auf alles in ihrer Umwelt, sondern stets nur auf einen ganz bestimmten Ausschnitt. Um herauszufinden, welches die maßgeblichen Reize sind, die bei einem Tier eine bestimmte Reaktion auslösen, bedient man sich im Versuch so genannter **Attrappen**. Attrappen sind mehr oder weniger genaue Nachbildungen von „Merkmalen", die unter natürlichen Bedingungen eine Reaktion hervorrufen. Dabei kann eine Attrappe einen **Reiz** oder eine **Reizkombination** ganz unterschiedlicher Art „nachbilden": eine Form, eine Farbe, einen Duft, ein Geräusch, ein Größenverhältnis, einen Kontrast usw.

> Eine **Attrappe** ist die künstliche Nachbildung von natürlichen Reizen.
>
> Unter einer **Reizkombination** versteht man das Zusammenwirken mehrerer Einzelreize.

Attrappen sind im Grunde keine Erfindung des Menschen. Tiere nutzen Nachbildungen bestimmter Merkmale seit langem, um sich gegenüber anderen Tieren einen Vorteil zu verschaffen. Der Pfauenspinner (ein Schmetterling) trägt auf seinen Hinterflügeln Nachbildungen von Augen. Diese Augen sind normalerweise nicht zu sehen – im Flug „verschwimmen" sie durch den Flügelschlag, und in der Ruhestellung hat der Pfauenspinner seine Flügel meist zusammengeklappt. Wird er jedoch von einem Vogel überrascht, klappt er sehr schnell seine Flügel auseinander und den Vogel starrt urplötzlich ein großes Augenpaar an (Abb. 8). Dieses Augenpaar entspricht dem Feindbild vieler Fressfeinde, besonders dem von Vögeln, sodass diese erschrecken und davonfliegen. Ein solches Täuschungsverhalten eines wehrlosen Tiers bezeichnet man als **Bates'sche Mimikry**.

Abb. 8: Der wehrlose Pfauenspinner ahmt auf seinen Flügeln ein Augenpaar nach und kann so viele Fressfeinde abschrecken.

> **Bates'sche Mimikry** ist die Täuschung von Fressfeinden, die auf einer falschen Warntracht beruht. Ganz allgemein werden alle Fälle von Signal-Nachahmungen als Mimikry bezeichnet.

Als **Schlüsselreiz** wird ein Reiz bezeichnet, der zu den reizerkennenden und -verarbeitenden Strukturen der Reaktion wie ein Schlüssel in ein Türschloss passt. Ein Schlüssel passt nach dieser Vorstellung nur in ein ganz bestimmtes Türschloss.

Da nur ganz bestimmte Reize eine Reaktion auslösen, spricht man von einem **Schlüsselreiz**. Ein Schlüsselreiz kann aus einem **Reiz** oder einer **Reizkombination** bestehen.

In dem historischen Begriff **Schlüsselreiz** kommt zum Ausdruck, dass ein Reiz sich ähnlich wie ein Schlüssel zu einem Schloss verhält. Ähnlich verhält es sich mit einem Schlüsselreiz. Auch dieser passt nur zu einem bestimmten Sinnesorgan und einer bestimmten Struktur des Nervensystems.

Ein Auge z. B. reagiert nur auf bestimmte Lichtreize, nicht hingegen auf Geräusche – **es findet also bereits von Seiten des Sinnesorgans eine erste Filterung statt.** Fledermäuse orientieren sich mittels Ultraschallsignalen von 30 bis 200 kHz – Schallwellen, die vom menschlichen Ohr nicht wahrgenommen werden können. Fledermäuse hingegen können sich anhand der zurückgeworfenen Schallwellen auch im Dunkeln zurechtfinden, Beute fangen und Hindernisse umgehen. Für den Menschen scheinen die Ultraschallsignale bedeutungslos zu sein und werden nicht als Reiz wahrgenommen. Für die Fledermäuse gilt das genaue Gegenteil: für sie sind die Reize in Form der Ultraschallsignale lebensnotwendig.

Abb. 9: Eine Fledermaus orientiert sich beim Beutefang mittels akustischer Signale.

Die **zweite Filterung** nach der Reizaufnahme führt das Nervensystem durch – hier wird auf „höherer" Ebene entschieden, ob eine Reaktion ausgelöst wird oder nicht. Das heißt: Auch wenn das Gehör der Fledermaus Erregungen an das Gehirn weiterleitet, bedeutet das nicht, dass automatisch eine Reaktion (z. B. eine bestimmte Flugbewegung) ausgelöst wird. Das Nervensystem trifft also selbst unter den wahrnehmbaren Reizen noch eine Auswahl und unterscheidet zwischen bedeutsamen und weniger bedeutsamen Informationen.

Die „Gesamt"-Instanz, die aus der Vielzahl von Reizen in der Umwelt wie ein Filter auswählt (das eine als Reiz erkennt und das andere nicht) und dafür sorgt, dass die dazu passenden Verhaltensweisen in Gang gesetzt werden, bezeichnet man in der Ethologie als **Auslösemechanismus** (kurz: **AM**). Die so benannte Instanz ist nichts anderes als das für die Reizverarbeitung verantwortliche **Nervensystem** inklusive der für die Sinneswahrnehmung zuständigen Strukturen (Sinneszellen, Sinnesorgane).

Der Auslösemechanismus ist aber nicht nur für die Filterung zuständig. Der Auslösemechanismus ist auch die Instanz, in der verschiedenste **Verrechnungsprozesse** stattfinden. Schließlich wirken auf ein Tier ständig ganz verschiedene Reize ein, die z. B. gegensätzliche oder auch einander ergänzende Wirkungen haben können. Ein paarungsgestimmter Hund, der lange nicht gefressen hat, wird sich ggf. entscheiden müssen, ob er erst etwas fressen oder erst sein „Glück" bei seiner Artgenossin versuchen will. Hier muss also eine höhere Instanz auf der Ebene des Nervensystems entscheiden, wie sich ein Lebewesen angesichts verschiedener Reize sinnvoll verhalten soll.

Unter einem **Auslösemechanismus** versteht man einen neurosensorischen Filter- und Verrechnungsmechanismus, der auf spezifische Reize hin ein bestimmtes Verhalten auslöst.

Je nach dem, ob es sich bei der ausgelösten Reaktion um eine angeborene oder erlernte Reaktion handelt, spricht man vom **angeborenen Auslösemechanismus (AAM)** oder vom **erworbenen Auslösemechanismus (EAM)**. Sind angeborene und erlernte Verhaltensanteile miteinander verknüpft, handelt es sich um einen **durch Erfahrung erweiterten angeborenen Auslösemechanismus (EAAM)**. Diese recht präzise Namensgebung darf allerdings nicht darüber hinwegtäuschen, dass man letztlich wenig darüber weiß, wie Auslösemechanismen arbeiten. Zum Verständnis dessen, was innerhalb eines Lebewesens passiert, trägt der insgesamt eher abstrakte Begriff des Auslösemechanismus letztlich wenig bei.

Bei einigen Autoren finden sich gleichbedeutend mit der Bezeichnung Schlüsselreiz die Begriffe **Kenn-** und **Signalreiz**. Der Begriff **Auslöser** wird z. T. ebenfalls sinngemäß gebraucht.

Auslöser (im engeren Sinne): Auslösender Reiz, dessen Hauptaufgabe es ist, eine Antwort hervorzurufen.

Proportionen der Raubvögel → vgl. S. 41 ff.

Einige Wissenschaftler fassen die Begriffe Schlüsselreiz und Auslöser jedoch enger: Sie verstehen unter einem **Auslöser** einen Schlüsselreiz, der speziell für die **inner- und zwischenartliche** Informationsübermittlung geschaffen wurde. Das nachgeahmte Augenpaar des Augenfalters (Abb. 8) wäre somit ein Auslöser, da das Hervorrufen einer Antwort die Hauptaufgabe dieses Reizes ist. Bestimmte Körperproportionen eines Raubvogels, die von Bodenvögeln erkannt werden, hingegen wären kein Auslöser, da sich diese nur zufällig als brauchbare Erkennungszeichen von Raubvögeln herausgestellt haben. Im Folgenden wird auf diese begriffliche Unterscheidung verzichtet.

Zum Konzept des Begriffes Schlüsselreiz gehört ursprünglich, dass es sich bei der Reaktion prinzipiell um eine angeborene Verhaltensweise handelt, die Reaktion also nicht erlernt ist. Attrappenversuche werden allerdings auch durchgeführt, um die Reize erlernter Reaktionen herauszufinden. Häufig wird der Begriff Schlüsselreiz daher auch bei erlernten Reaktionen gebraucht – hier gibt es also je nach Autor bzw. Wissenschaftler Unterschiede im Gebrauch des Begriffs.

Unter **nichtadäquaten Reizen** versteht man solche Reize, die eine Reaktion auslösen, obgleich sie eigentlich für die reizaufnehmenden Strukturen ungeeignet sind. So ist ein Schlag aufs Auge durchaus in der Lage einen „Sterne sehen" zu lassen – der Schlag war jedoch kein adäquater Lichtreiz für das Auge.

Adäquate („geeignete") **Reize** sind Reize, die für eine bestimmte reizaufnehmende Struktur „passend" sind.

2.4 Übernormale Reize, Reizsummenregel, Reizschwelle

Übernormale Reize

In der Natur gibt es eine Reihe von Tieren, die andere Tiere mittels geschickter Nachahmungen täuschen, indem sie **wirksamere** Schlüsselreize darbieten als die eigentlich vorgesehenen. Ein Beispiel hierfür ist das Kuckucksjunge: es besitzt einen derart großen und einladend gefärbten Schnabel, dass viele Singvögel geradezu begierig sind, das eingeschmuggelte Vogelkind mit Nahrung zu versorgen, und ihre eigene Brut dadurch vernachlässigen. Der Mensch hat sich dieses Phänomen zunutze gemacht und entsprechende Attrappen konstruiert, um Aufschluss über die jeweils zugrunde liegenden Schlüsselreize zu bekommen.

> Reize, die eine bestimmte Verhaltensweise wirksamer auslösen als der „eigentlich adäquate" Reiz, nennt man **übernormale** oder **überoptimale Reize**. Attrappen mit übernormal starken Reizen heißen entsprechend **übernormale** oder **überoptimale Attrappen**.

Ein bekanntes Beispiel liefern Versuche mit dem Austernfischer. Der Austernfischer gehört zu den bodenbrütenden Vögeln. Bietet man ihm im Wahlversuch sein eigenes Ei, das Ei einer Silbermöwe sowie eine Riesenei-Imitation an, entscheidet er sich für das größte der Eier und versucht dieses ins Nest zu rollen (Abb. 10).

Bietet man ihm lediglich die Wahl zwischen seinem eigenen und dem Ei der Silbermöwe, entscheidet er sich wiederum für das größere Ei und lässt sein eigenes unbeachtet.
(Im Versuch wurde natürlich darauf geachtet, dass sich die drei Eier im selben Abstand zum Nest des Austernfischers befanden.)

Abb. 10: Ein Austernfischer, der ein „Riesenei" seinem eigenen Ei (im Vordergrund) und dem Ei einer Silbermöwe (links) vorzieht und dieses zu bebrüten versucht. Das Riesenei stellt für den Austernfischer einen übernormalen Reiz dar.

Die Reizsummenregel

Ein und dasselbe Verhalten eines Tieres kann oft durch verschiedene Schlüsselreize ausgelöst werden. Kombiniert man solche Schlüsselreize, so ist ihre Wirkung zusammen größer als die eines Einzelreizes. Die einzelnen **Reize summieren** sich in ihrer Wirkung, diese Erscheinung wird **Reizsummenregel** genannt. Im Idealfall kann man die Stärke der Reaktionen auf die einzelnen Reize einfach zusammenrechnen und so die Reaktionsstärke für eine bestimmte Reizkombination im Voraus angeben.

Ein gut untersuchtes Beispiel für die Reizsummenregel ist die Reaktion brütender Singvögel auf einen ihrer Raubfeinde, die Eule. Die Vögel stoßen meist gemeinsam eine Reihe von Schimpfrufen aus und fliegen z. T. auch Angriffe gegen die Eule. Dieses Verhalten gegenüber einem Raubfeind wird als „Hassen" bezeichnet. Das Hassen kann durch verschiedene Reize ausgelöst werden. Präsentiert man dem Versuchstier unter sonst weitgehend identischen Bedingungen unterschiedliche Attrappen, kann man die Schimpfrufe pro Zeiteinheit auszählen und als Maß für die Reaktionsstärke verwenden.

Hassen: Ausstoßen kurzer Schimpfrufe verbunden mit gemeinsamen Attacken gegen einen Räuber.

Dabei stellte man in einem Versuch fest, dass auf den Rumpf der Eule (ohne Kopf) 10 Rufe erfolgten, auf einen Kopf (ohne Rumpf) 15 und auf eine vollständige Eule (Rumpf und Kopf) 20 Schimpfrufe. Wie man sieht, bewirken Kopf und Rumpf zusammen eine stärkere Reaktion, als wenn sie getrennt gezeigt werden (Abb. 11). Dieser Versuch zeigt aber auch, dass die **Einzelwerte keineswegs immer nur addiert werden können** (die vollständige Eule müsste sonst 25 Rufe verursachen). Tatsächlich lassen sich Reize in ihrer Wirkung nur relativ selten einfach addieren. Die Bezeichnung **„wechselseitige Reizverstärkung"** dürfte daher die Verhältnisse hier passender beschreiben als der Name Reizsummation.

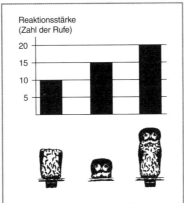
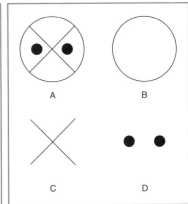

Abb. 11: Reizsummation: Kopf und Rumpf lösen beide für sich das Hassen aus, sind aber weniger wirksam als die vollständige Eule, bei der die Reize summiert werden.

Abb. 12: Im Experiment verwendete Attrappen: A ist die vollständige Gesichtsattrappe, die Attrappen B bis D sind Teilfiguren von A.

Verhaltensversuche mit Kleinkindern zeigten, dass das Prinzip der Reizsummenregel auch für den Menschen gilt. Kleinkindern wurden wiederholt verschiedene Teilfiguren einer Gesichtsattrappe gezeigt (Abb. 12). Gemessen wurde die Zahl der Wendereaktionen des Kopfes auf die jeweils gezeigte Attrappe. Das Ergebnis: Die Teilfiguren B, C und D riefen bei den acht bis zwölf Wochen alten Kindern zusammen in etwa genauso viele Reaktionen hervor wie die vollständige Gesichtsattrappe alleine.

Dass Einzelreize nicht nur erregend, sondern auch **hemmend** wirken können, zeigte in den 60er-Jahren ein Versuch mit Buntbarschen.
Buntbarsche besitzen am Kopf einen senkrechten Kiemenstrich und orangerote Flecken über der Brustflosse. Beide Merkmale haben Einfluss auf das Aggressionsverhalten eines männlichen Buntbarsches, der sein Revier abgegrenzt hat. In einem Vorversuch wurde zunächst der Durchschnittswert der Angriffe eines Männchens gegenüber Jungfischen gemessen (Bisse pro Minute). Danach wurde in mehreren Versuchsdurchgängen den männlichen Buntbarschen die Attrappe A mit einem senkrechten Kiemenstrich und Attrappe B mit orangeroten Flecken gezeigt (Abb. 13).

Verhalten ist genetisch programmiert

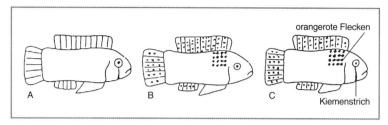

Abb. 13: Modellhaft vereinfachte Darstellung der drei benutzten Buntbarsch-Attrappen.

Der senkrechte Strich am Kopf führte im Attrappenversuch zu einer Steigerung der Bissrate von 2,79 Bissen/Minute gegenüber dem Vergleichswert aus dem Vorversuch (dieser wurde gleich Null gesetzt). Orangerote Flecken über der Brustflosse dagegen reduzierten die Bissrate gegenüber dem Vergleichswert um 1,77 Bisse/Minute. Bot man nun dem Männchen eine Attrappe mit beiden Merkmalen (Attrappe C), ergab sich eine Bissrate von von 1,08 Bissen/Minute. Das ist fast genau der Wert, der sich aus den Werten für die Attrappen A und B ergibt: 2,79 − 1,77 = 1,02.

> Unter der **Reizsummenregel** versteht man zumeist das Phänomen, dass Schlüsselreize zusammen eine größere Wirkung haben als ein Schlüsselreiz allein. Wirken auslösende und hemmende Schlüsselreize gemeinsam, kommt es zu einer Verrechnung der Reize.

Reizschwellen

Reflex → vgl. S. 5 ff.
Die **Erbkoordination** ist eine relativ starr ablaufende Reaktion, die von der Handlungsbereitschaft des Tieres abhängig ist.
→ vgl. S. 25 ff.

Während bei einem Reflex die Antwort immer weitgehend gleich ausfällt, kann sie bei Erbkoordinationen durchaus unterschiedlich sein. Dieser Unterschied kann gut mit dem Begriff der **Reizschwelle** erklärt werden.

> Unter der **Reizschwelle** versteht man in der Ethologie die Größe oder den Wert eines Reizes, der gerade noch eine Reaktion auslöst.

Reize unterhalb der Reizschwelle nennt man **unterschwellige Reize**, sie führen zu keiner Reaktion. Erst wenn wenn der Schwellenwert erreicht oder überschritten wird, erfolgt eine Reaktion.
Bei Reflexen besitzt die Reizschwelle fast immer dieselbe Größe, bei Erbkoordinationen dagegen ist der Schwellenwert variabel. Die Größe des Schwellenwertes hängt vom dem jeweiligen physiologischen Zu-

stand des Tieres und von den jeweils verschiedenen Umweltbedingungen ab. Ist eine Verhaltensweise leichter auslösbar als zuvor, spricht man von einer **Schwellenwerterniedrigung**, ist sie schwerer auslösbar, handelt es sich um eine **Schwellenwerterhöhung**.

Kann ein Tier bestimmte Endhandlungen über einen längeren Zeitraum nicht ausführen, kann dies zu einer Schwellenwerterniedrigung führen: Ein sehr hungriger Mensch wird auch das essen, was er sonst stehen lassen würde („in der Not frisst der Teufel Fliegen"). Ist keine Nahrung verfügbar, wird er sich auf die Suche nach Nahrung begeben – es kommt in diesem Zustand zu einem **Such-** oder **Appetenzverhalten**. Hat er sich erst einmal satt gegessen, bewirkt dies eine Schwellenwerterhöhung: Er wird nur dann noch mehr essen, wenn das Essen besonders schmackhaft ist.

Appetenz: lat. *appetens* strebend, begierig
→ vgl. S. 24 f.

> **Appetenzverhalten** bezeichnet das Suchen nach dem auslösenden Schlüsselreiz.

Die auf dem **psychohydraulischen Instinktmodell** von Lorenz basierende Vorstellung, dass es bei extremer Schwellenwerterniedrigung zu einer Leerlaufhandlung kommen kann (die Erbkoordination läuft gänzlich ohne auslösende Reize ab), wird heute weitgehend abgelehnt, da für solche Leerlaufhandlungen keine einwandfreien Belege gefunden wurden. Auch die von Lorenz stammende Modellvorstellung gilt inzwischen als überholt.

2.5 Handlungsbereitschaft und das Prinzip der doppelten Quantifizierung

Zum Begriff der Handlungsbereitschaft

Angeborene Verhaltensweisen sind prinzipiell durch dieselben Reize nicht zu jeder Zeit im gleichen Maße auslösbar (eine Ausnahme bilden lediglich Reflex im strengen Sinn). Die Reaktionsstärke hängt also nicht nur vom Reiz, sondern auch von dem inneren Zustand bzw. von der Bereitschaft des Tieres zu einer Handlung ab. Diese innere Bereitschaft kann zu jedem Zeitpunkt einen ganz bestimmten Wert aufweisen und stellt damit insgesamt eine variable Größe dar.

Reflex → vgl. S. 5 ff.

Einige Autoren verstehen unter dem Begriff **Handlungsbereitschaft** (oder Motivation) allein diese **innere Bereitschaft**. Andere Autoren gebrauchen den Begriff der Handlungsbereitschaft hingegen so, dass diese sich aus dem **inneren Zustand und den äußeren Reizen** zusammen ergibt.

Die Trennung der beiden Begriffe von Handlungsbereitschaft ist zwar theoretisch leicht nachzuvollziehen, bereitet in der sprachlichen Darstellung jedoch oft Schwierigkeiten, sodass beide Begriffe in ein und demselben Text oft nebeneinander verwendet werden. Es ist daher zweckmäßig, sich jeweils klar zu machen, von welchem Begriff gerade die Rede ist. Weitgehend gleiche Bedeutung wie Handlungsbereitschaft haben die Begriffe „Antrieb", „aktionsspezifisches Potenzial", „Trieb", „Stimmung" oder „Drang", sie werden aus verschiedenen Gründen heute aber kaum noch verwendet.

Für den inneren Zustand eines Tieres allein findet sich auch die Bezeichnung „spontane Handlungsbereitschaft", für die „zweite Form" (Innenreize plus Außenreize) die Bezeichnung „effektive Handlungsbereitschaft".

Das Prinzip der doppelten Quantifizierung

Das Zustandekommen und die Intensität vieler Verhaltensweisen eines Tieres sind, wie schon gesagt, nicht allein von der Stärke der auslösenden Sinnesreize abhängig. Entscheidend ist ebenso die innere Bereitschaft des Tieres, eine bestimmte Verhaltensweise auszuführen. Man spricht daher vom Prinzip der „doppelten Quantifizierung".

„Handlungsbereitschaft meint hier nur die innere Bereitschaft.

> Beim **Prinzip der doppelten Quantifizierung** haben also zwei Größen Einfluss auf die Reaktion: die **Stärke** des Reizes und die **innere Bereitschaft**.

Ein einfaches Beispiel: Ob ein Hund sein Futter frisst, hängt nicht nur davon ab, wie „schmackhaft" es ist, sondern auch davon, ob er zuvor gefüttert wurde. Ein satter Hund (niedrige Bereitschaft zu fressen) wird vermutlich allenfalls am Futternapf mit seiner Lieblingsspeise (starker Reiz) schnüffeln. Ist er dagegen hungrig (hohe Bereitschaft zu fressen), wird er auch Dinge verzehren, die er sonst verschmäht hätte (schwacher Reiz). Ähnliches gilt auch für den Menschen – heißt es doch nicht umsonst, dass „Hunger der beste Koch" ist.

Guppys gehören zu den Zahnkarpfen und lassen sich sehr leicht im Aquarium züchten.

Das **Zusammenwirken von innerer Handlungsbereitschaft und äußeren Reizen** wurde durch sorgfältige Untersuchungen beim Guppy nachgewiesen. Die innere sexuelle Handlungsbereitschaft des Fisches kann man am äußeren Färbungsmuster erkennen (Abb. 15, A–F). Guppymännchen reagieren bei ihren Weibchen besonders auf die Größe: je größer das Weibchen ist, um so stärker fällt ihre Reaktion aus.

Beides zusammen – die innere sexuelle Handlungsbereitschaft des Männchens und die Größe des Weibchens (äußerer Reiz) – entscheidet über die Intensität der Reaktion beim Männchen. Die Stärke der Reaktion beim Männchen reicht von bloßem Nachschwimmen bis zu einer starken s-förmigen Körperkrümmung (Abb. 14).

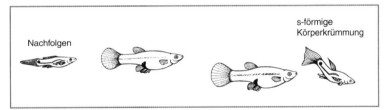

Abb. 14: Verschiedene Reaktionen des (kleineren) männlichen Guppys auf ein Weibchen.

Wie man aus der Abbildung 15 ersehen kann, löst bei hoher innerer Bereitschaft ein kleines Weibchen (2 cm) nur die Nachfolgereaktion aus (Reaktion 3). Das größte Weibchen hingegen bewirkt auch bei geringer Handlungsbereitschaft die starke s-förmige Körperkrümmung beim Anschwimmen (Reaktion 1).

Allgemein lässt sich festhalten, dass bei einer **hohen inneren Bereitschaft** zu einer Handlung schon ein **schwacher Reiz eine vollständige Reaktion hervorrufen** kann. Umgekehrt zeigt ein wenig motiviertes Tier allenfalls dann eine stärkere Reaktion, wenn die auslösenden Reize besonders stark sind.

Verhalten ist genetisch programmiert

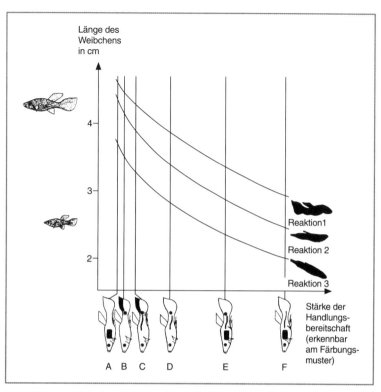

Abb. 15: Innere und äußere Faktoren wirken beim Balzverhalten des Guppys zusammen: Die Stärke des Außenreizes wird durch die Länge des Weibchens bestimmt (y-Achse) und die innere Bereitschaft des Männchens kann an seinem Färbungsmuster abgelesen werden; sie steigt von links nach rechts auf der x-Achse (F = höchste Bereitschaft).

Balz: Alle Verhaltensweisen, die bei Vögeln, Fischen, Amphibien und Insekten zur Paarung führen oder führen können.

Konflikte zwischen verschiedenen Handlungsbereitschaften: Beute oder Braut?

Versuche mit Springspinnen haben gezeigt, dass bei demselben äußeren Reiz ganz unterschiedliche Reaktionen ausgelöst werden können: So kann mit derselben Attrappe zum einen das Balzverhalten, zum anderen auch ein Beutefangverhalten ausgelöst werden. Ob ein Springspinnenmännchen auf einen bestimmten Reiz hin mit Balz oder Beutefangverhalten reagiert, hängt lediglich davon ab, wie lange es zuvor gehungert hat (Abb. 16).

Da Weibchen der Springspinne aus Sicht des Männchens eine ähnliche Gestalt wie bestimmte Beutetiere haben, kann es passieren, dass dieses vom Männchen als Beute erkannt und gefressen wird.

Je nach Zahl der Hungertage erkannte das Springspinnenmännchen eine Attrappe, deren Gestalt in der Mitte zwischen Beutetier und Weibchen lag, als Beute oder als Weibchen und verhielt sich entsprechend.
Ein **„gemischtes" Verhalten**, bei dem Elemente beider Verhaltensweisen gezeigt wurden, **trat niemals auf**. Offenbar wird das Verhalten der niedrigeren Bereitschaft gänzlich unterdrückt.

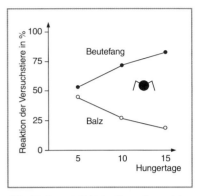

Abb. 16: Je nach Zahl der Hungertage wird die Attrappe (schwarzer Kreis mit „Beinen") als Weibchen oder als Beute erkannt.

2.6 Appetenzverhalten

Ein Tier muss nun nicht auf die zufällige Begegnung mit einem Schlüsselreiz warten. In vielen Fällen wird es aktiv nach diesem suchen und so eine Begegnung wahrscheinlicher machen: Es wird bei entsprechender innerer Bereitschaft „von innen heraus" unruhig und läuft suchend in seinem Lebensraum umher. Diese Suche nach dem Schlüsselreiz bezeichnet man als **Appetenzverhalten**. Ziel des Suchverhaltens ist die Begegnung mit dem Schlüsselreiz.

Beispielsweise wird ein Frosch, der längere Zeit gehungert hat, sein Versteck verlassen und an einem Ort, an dem Beute zu erwarten ist, eine Wartehaltung einnehmen. Trifft er an diesem Ort innerhalb einer bestimmten Zeit keine Beute an, wird er sich an einen neuen Ort begeben.

Die innere Stimmung des Tieres wird durch bestimmte Hormone beeinflusst, die eine motorische Unruhe bewirken. Ist das Tier in seiner Suche erfolgreich, kommt es schließlich zur Ausführung der so genannten **Endhandlung**.

Hormone sind chemische Botenstoffe, die meistens in die Blutbahn abgegeben werden und mit dem Blutstrom in andere Körperregionen gelangen, wo sie spezifische Reaktionen auslösen.

> Unter einer **Endhandlung** versteht man eine Erbkoordination, die am Ende einer Folge von Appetenzhandlungen steht und die Handlungsbereitschaft herabsetzt.

Oft kann man erst an dieser Endhandlung von außen erkennen, wonach ein Tier gesucht hat, da sich das Appetenzverhalten bei vielen Tieren nur in einem mehr oder weniger allgemeinen Suchverhalten äußert. Die Endhandlung wiederum vermindert die ursprüngliche Handlungsbereitschaft des Tiers (Abb. 17).
Besonders deutlich wird der Unterschied von Appetenzverhalten und Endhandlung bei der Nahrungsaufnahme und im sexuellen Bereich: Endhandlungen sind hier das Verschlingen der Nahrung bzw. die Begattungsbewegungen, denen längeres, aktives Suchen nach Nahrung bzw. einem sexuellen Partner vorausgehen kann.

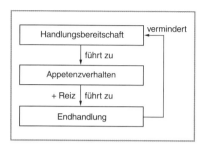

Abb. 17: Vereinfachte Darstellung der Zusammenhänge zwischen Handlungsbereitschaft, Appetenzverhalten und Endhandlung.

2.7 Erbkoordination und Taxis

Relativ starre, immer nach demselben Muster ablaufende Bewegungen, die einen Außenreiz nur zum Anstoß benötigen, nennt man nach traditioneller Terminologie **Erbkoordination, Instinktbewegung** oder auch **Triebhandlung**. Aus der Bezeichnung Instinktbewegung wird deutlich, dass diese nicht erlernt werden muss, sondern **angeboren** ist. Im Unterschied zum Reflex sind Erbkoordinationen sehr stark von der (schnell wechselnden) Handlungsbereitschaft eines Tieres abhängig.

*Wegen seiner Vieldeutigkeit wird der Begriff des **Instinkts** aber immer seltener verwendet.*

> Das **Instinktverhalten** ist eine artspezifische, angeborene Verhaltensweise, das sich aus einer Erbkoordination und einer Taxis zusammensetzt.

Erbkoordinationen werden normalerweise durch **Orientierungsbewegungen (Taxien, Einstellbewegungen)** ergänzt. Diese Orientierungsbewegungen sind in ihrem Bewegungsablauf extrem variabel.
Das Zusammenwirken von Erbkoordination und Orientierungsbewegung soll an zwei Beispielen veranschaulicht werden: Der Ei-Einrollbewegung der Graugans und dem Beutefangverhalten der Erdkröte.

Nikolaas Tinbergen (1907–1988): Niederländischer Zoologe und Vertreter der klassischen Ethologie.

Die Ei-Einrollbewegung der Graugans

Die Arbeit von Lorenz und Tinbergen aus den 30er-Jahren über die Ei-Einrollbewegung (bzw. Eirollbewegung) der Graugans gehört mittlerweile zu den klassischen Arbeiten der Verhaltensbiologie. Rollt einer am Boden brütenden Graugans ein Ei aus dem Nest, muss dieses ins Nest zurückgeholt werden, bevor es zu stark auskühlt und das Ungeborene an der Unterkühlung stirbt. Die Graugans rollt das Ei mit einer typischen Bewegung in das Nest zurück: Sie macht den Hals lang, greift mit dem Schnabel über das Ei hinweg und zieht es mit der Unterseite des Schnabels durch Krümmung des Halses zur Brust hin vorsichtig zum Nest zurück (Abb. 18). Damit ihr das Ei auf unebenem Untergrund nicht seitlich entgleitet (das Ei „eiert" sprichwörtlich beim Zurückziehen), führt sie neben dieser **Zurückholbewegung** des Halses mit dem Schnabel seitliche **Balancierbewegungen** aus.

Abb. 18: Angeborener Ablauf der Ei-Einrollwegung bei der Graugans. Graugänse sind zum Einrollen aus dem Nest gefallener Eier ohne jegliche Übung befähigt.

Durch einen einfachen Versuch kann man zeigen, dass die Ei-Einrollbewegung aus **zwei unterschiedlichen Verhaltensanteilen** besteht: einem **starren** und einem **flexiblen** Anteil. Entfernt man das Ei nach Beginn der Einrollbewegung, dann wird die Reaktion trotzdem vollständig zu Ende ausgeführt, ganz so, als wollte die Graugans ihr (nun nicht mehr vorhandenes) Ei heil ins Nest zurückbefördern. Nur die seitlich-pendelnden Balancierbewegungen unterbleiben. Das Ei reicht offenbar zu Beginn als Reiz völlig aus, um die Zurückholbewegung auszulösen, – ist diese Reaktion einmal in Gang gesetzt, ist das Ei als Reiz nicht mehr notwendig. Nur die seitlichen Balancierbewegungen fallen bei der Eirollbewegung weg – um diese auszulösen, wären die entsprechenden Berührungsreize durch das Ei nötig.

Die **starr** ablaufende **Zurückholbewegung** des Schnabels zur Brust hin ist hier die **Erbkoordination oder Instinktbewegung**. Graugänse sind in der Lage, diese Bewegung ohne jede vorangegangene Übung angeborenermaßen auszuführen. Die **Balancierbewegungen** stellen die **flexiblen Orientierungsbewegungen oder Taxien** dar. Diese Bewegungen dürfen nicht starr ablaufen, da sie den Bewegungen des Eies bzw. der Beschaffenheit des Untergrunds angepasst werden müssen.

Der Beutefang der Erdkröte

Frösche und Kröten reagieren besonders auf Bewegungen ihrer Beutetiere. Bewegt sich ein Beutetier in das Gesichtsfeld einer hungrigen Erdkröte, so wendet sich diese zunächst der Beute zu (Abb. 19). Diese orientierende Richtungsbewegung stellt eine reine **Orientierungsbewegung (Taxis)** dar. Ist das Beutetier direkt im Blickfeld und in Reichweite, wird die angeborene Reaktion, die **Erbkoordination** ausgelöst: die Erdkröte lässt ihre Zunge vorschnellen, um das Beutetier zu ergreifen und anschließend zu verschlucken. Der Zungenschlag und das Schlucken der Beute bilden den Abschluss des Beutefangverhaltens – sie stellen allgemein die **Endhandlung** dar (ggf. kann dem Zungenschlag auch noch ein Fangsprung vorausgehen).

Endhandlung → vgl. S. 24

Abb. 19: Taxiskomponente und Erbkoordination beim Beutefang der Erdkröte.

Ähnlich wie bei der Ei-Einrollbewegung der Graugans läuft die Erbkoordination starr ab, wenn sie erst einmal eingeleitet ist. Verändert man im Experiment die Position des Beutetiers nach der Orientierungsbewegung, kommt es trotzdem zum (erfolglosen) Zungenschlag.

Handlungsketten

In vielen Fällen besteht das angeborene Verhalten von Tieren nicht aus einer einzelnen, sondern aus mehreren hintereinander ablaufenden Einzelhandlungen, die zu sinnvollen Abläufen verknüpft („verkettet") werden. Man spricht von einer **Handlungs-** oder **Reaktionskette**. Handlungsketten sind typisch für das **Sexualverhalten** und den **Kommentkampf** von Tieren. Die handelnden Tiere zeigen im Idealfall ein starr festgelegtes und regelhaft ablaufendes Verhalten.

*Unter **Kommentkampf** versteht man einen innerartlichen Kampf „nach Regeln", bei dem die schädigenden Folgen auf ein Minimum gemindert werden. → vgl. S. 142*

Das Appetenzverhalten endet bei Handlungsketten nur in einer einzigen Endhandlung. Das jeweilige Appetenzverhalten wird bei allen Einzelhandlungen (bis auf die letzte) durch ein neues Appetenzverhalten abgelöst. Die Endhandlung am Schluss der Kette senkt die Handlungsbereitschaft sowohl für eine weitere Endhandlung als auch für die Handlungskette als Ganzes.

> Mit **Handlungs- bzw. Reaktionskette** wird ein angeborenes Verhalten bezeichnet, das aus einer festgelegten Abfolge von Einzelhandlungen besteht, die jeweils durch einen neuen Schlüsselreiz ausgelöst werden. Die Handlungskette endet mit **einer** Endhandlung.

Anders als bei einer komplexen Bewegungsfolge einer Einzelhandlung **bedarf es** bei einer Handlungskette also **mehrerer auslösender Schlüsselreize**. Wird eine Handlungskette unterbrochen, ist es häufig nicht möglich, die Handlungskette an der Stelle der Unterbrechung neu aufzunehmen – die Handlungskette muss dann von den Tieren ganz neu von vorn begonnen werden.

Ein gut untersuchtes Beispiel für den Bereich des Sexualverhaltens findet sich beim **Dreistacheligen Stichling** (Abb. 20): Nähert sich im Frühjahr ein laichbereites Weibchen dem Nest eines Männchens, beginnt das Männchen mit ruckartigen Bewegungen zu schwimmen, dem Zickzacktanz, was das Weibchen dazu bewegt, näher zu kommen und seinen dicken Bauch zu präsentieren. Dieses Verhalten des Weibchens regt das Männchen dazu an, dem Weibchen sein Nest zu zeigen, wodurch dieses wiederum dazu veranlasst wird, ins Nest hineinzuschwimmen. Das Männchen wird durch diese Verhaltensweise seinerseits wieder dazu gereizt, gegen den Schwanzbereich des Weibchens zu stoßen (Schnauzentremolo), wodurch das Weibchen zum Ablaichen gebracht wird. Das Weibchen verlässt anschließend das Nest, und das Männchen wird durch die frischen Eier im Nest veranlasst, diese zu besamen.

An diesem Beispiel wird deutlich, dass jeweils ganz bestimmte Handlungen miteinander verknüpft sind. Das Verhalten des einen Partners ist Endpunkt für das vorangegangene Appetenzverhalten und bewirkt zugleich die nächstfolgende Handlung des anderen. Im Beispiel handelt es sich genau genommen um eine **doppelte Handlungskette**, da sowohl das Männchen als auch das Weibchen für sich jeweils eine bestimmte Handlungskette zeigt.

Im theoretischen Idealfall verläuft eine Handlungskette recht starr. Inzwischen weiß man jedoch, dass in der Realität die Abfolge häufig flexibler ist und zahlreiche Abweichungen vorkommen können.

Verhalten ist genetisch programmiert

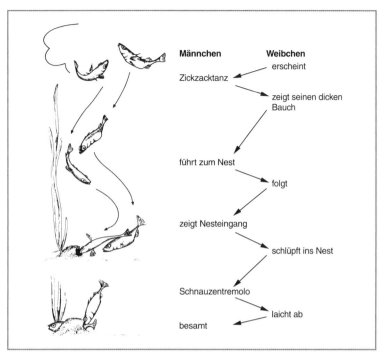

Abb. 20: Schematische Darstellung der einander auslösenden Einzelhandlungen von Stichlingsmännchen und -weibchen.

Die in Abbildung 20 dargestellte Handlungskette des Dreistacheligen Stichlings stellt deshalb einen idealisierten Ablauf dar. Die Untersuchung des Balzverhaltens des **Neunstacheligen Stichlings** macht deutlich, wie unterschiedlich der idealisierte und der tatsächliche Ablauf der Handlungen aussehen kann (Abb. 21). So zeigt sich hier beispielsweise, dass die ersten Balzhandlungen des Männchens mehrere Handlungen beim Weibchen auslösen können (Handlung 1 des Männchens kann beim Weibchen z. B. die Handlungen 2 und 3 auslösen).

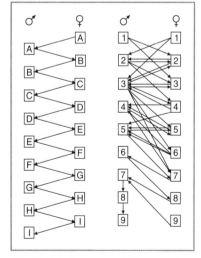

Abb. 21: Balz des Neunstacheligen Stichling: Links der idealisierte, rechts der tatsächliche Verlauf einer Handlungskette.

29

2.8 Das Reifen von Verhaltensweisen

Nicht alle angeborenen Verhaltensweisen treten gleich bei der Geburt in Vervollkommnung auf. Einige werden erst schrittweise voll funktionstüchtig – die Verhaltensweisen brauchen Zeit zum „Reifen". In der Praxis fällt es häufig schwer, gereifte von erlernten Verhaltensweisen zu unterscheiden, da das automatische Heranreifen einer Fertigkeit den Eindruck erweckt, es würde ein Lernvorgang stattfinden.

Lernvorgang: Die Nachahmung von Verhaltensweisen gilt nicht als Reifungsprozess.
→ vgl. S. 86

Vögel können nicht gleich im Anschluss an ihre Geburt fliegen. Ist deshalb davon auszugehen, dass sie das Fliegen erlernen müssen? In einem Versuch mit Tauben wurden Versuchstiere in so engen Käfigen gehalten, dass sie ihre Flügel nicht öffnen konnten. Gleichaltrige Kontrolltiere wurden in normal großen Käfigen untergebracht, in denen sie erste Flugübungen machen konnten. Als diese normal gehaltenen Tauben zu fliegen begannen, wurden auch die eingeengt untergebrachten Versuchstiere freigelassen. Zur Verwunderung der Wissenschaftler hoben auch sie ohne jegliche vorherige Übung gekonnt vom Boden ab. Die abgestimmten Bewegungen der Flügelmuskulatur wurden also nicht durch wiederholte Flugübungen innerhalb des Käfigs erworben. Es kam vielmehr zu einem Reifen der Verhaltensweisen.

Die Vervollkommnung einer Verhaltensweise ohne Übung nennt man **Reifung**. Eine Verhaltensweise „reift", wenn sie sich auch dann verbessert, wenn keine Möglichkeit besteht, sie auszuführen.

In einem anderen Versuch ging es um den **„Zielmechanismus" bei Haushuhnküken**:
Es wurde untersucht, ob Haushuhnküken beim Picken nach Körnern durch wiederholtes Üben besser zielen lernen oder ob es sich bei der Verbesserung einfach um einen Reifungsprozess handelt. Zunächst ließ man eine größere Zahl von Küken im Dunkeln schlüpfen und setzte ihnen dann verschiedene Brillen auf. Eine Gruppe erhielt Brillen

Prismenbrille: Brille, die das Blickfeld in eine bestimmte Richtung verschiebt.

mit normalen Gläsern, die andere Brillen mit Prismen, die die Objekte im Gesichtsfeld nach links verzerrten. Am 1. und 4. Tag mussten Küken beider Gruppen jeweils nach einem in Lehm eingebetteten Nagel als Futterkornattrappe picken (Haushuhnküken picken angeborenermaßen nach allen kleinen Objekten, die sich vom Untergrund abheben). Das Ergebnis waren „Pickbilder" (Abb. 22). Zwischen den Versuchen wurden die Küken mit normalen Gläsern in Käfigen gehalten, auf deren Boden Futterkörner einzeln verstreut lagen; die Küken mit Prismengläsern erhielten ihr Futter hingegen in größeren, dicht gefüllten Futterschüsseln. Die unterschiedliche Futtergabe ist insofern wichtig, als die Küken in der ersten Gruppe (normale Gläser) für genaueres Picken belohnt werden, die Küken der zweiten Gruppe hingegen nicht (hier führt gewissermaßen jedes Picken zu einer Belohnung).

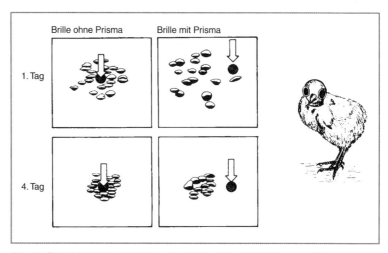

Abb. 22: Pickbilder von 1 und 4 Tage alten Küken; links die Pickbilder von Küken ohne, rechts mit Prismenbrille. Die Pickbilder zeigen, dass die Küken mit Prismenbrille nach 4 Tagen ebenso genau picken wie die ohne. Der Pfeil weist auf den im Lehm eingebetteten Nagel (Futterkornattrappe) hin.

belohnungsabhängige Lernvorgänge
→ vgl. S. 76 ff.

Die Pickbilder der Küken mit normalen Gläsern lassen zunächst den Eindruck entstehen, dass es sich bei der Verbesserung des Zielmechanismus um einen Lernvorgang handelt. Allerdings zeigen die Küken mit Prismenbrille prinzipiell die gleiche Verengung der Pickschläge um einen Punkt herum – nur ist dieser Punkt entsprechend der Brille etwas nach links verschoben. Da diese Küken ihr Futter während der versuchsfreien Zeit in einer größeren, vollen Schüssel erhielten, bei der es auf ein genaues Picken nicht ankam, kann es sich bei der in der Natur auftretenden Verbesserung beim Zielen nicht um einen (belohnungsabhängigen) Lernvorgang handeln. Die Erhöhung der Treffsicherheit muss daher generell mit einem Reifungsprozess erklärt werden.

3 Angeborenes Verhalten beim Menschen

angeborene Verhaltensweisen
→ vgl. S. 10 f.

Der Mensch glaubt zwar meist, von angeborenen Verhaltensweisen befreit zu sein, bei näherem Hinblicken finden sich allerdings auch beim Menschen viele Verhaltensweisen, die „genetisch programmiert" sind. Ein uns gut bekanntes Phänomen ist die „ansteckende" Wirkung des menschlichen Gähnens: Sehen oder hören wir jemanden gähnen, löst dies meist auch bei uns ein Gähnen aus (Abb. 23). Das Gähnen fungiert also hier als Schlüsselreiz bzw.

Auslöser → vgl. S. 15

als Auslöser. Der biologische Zweck dieses Mechanismus dürfte darin bestehen, dass miteinander lebende Menschen in ihren Schlafgewohnheiten und damit auch in ihren anderen Aktivitäten zeitlich aufeinander abgestimmt werden. Im Folgenden wird auf weitere angeborene Verhaltensweisen des Menschen eingegangen.

Abb. 23: Das Gähnen als Auslöser für das Gähnen bei anderen Menschen.

3.1 Kinder sind „so süß": Das Kindchenschema

Gewissermaßen das klassische Beispiel für das Auslösen einer angeborenen Verhaltensweise stellt das von Konrad Lorenz 1943 erstmals beschriebene **Kindchenschema** dar: Säuglinge und Kleinkinder lösen schon allein durch ihr niedliches Aussehen (aber auch durch ihr Verhalten) freundliche Reaktionen aus wie Lächeln, Zuwendung, behutsamen Umgang, Liebkosung, Streicheln und Ansprechen in höherer Stimmlage. Selbst völlig fremde Menschen sind beim Anblick eines kleinen Kindes (und Tieres) geradezu „verzückt" von den „süßen Kleinen". Der biologische Sinn des Kindchenschemas wird deutlich, wenn man bedenkt, dass das Kleinkind von der Betreuung, Pflege und dem Schutz Erwachsener abhängig ist und ohne diese nur geringe Überlebenschancen hätte.

Abb. 24: Das Kindchenschema: Die Körperproportionen junger Lebewesen (oben) werden als niedlich empfunden und können beim Menschen eine positive Gefühlszuwendung auslösen. Die eher kantigen, in die Länge gezogenen Gesichter der Erwachsenen (unten) rufen diese Reaktion nicht hervor.

> Das **Kindchenschema** stellt sicher, dass das Kleinkind die für ihn lebensnotwendige Beachtung findet.

Später, wenn der Mensch wächst und älter wird, verschwinden in aller Regel die für das Kindchenschema typischen Merkmale. Wie sich die körperlichen Formen im Verlaufe des Älterwerdens verändern, zeigt die Abbildunge 25.

Der Kopf wird in Relation kleiner, die Beine und Arme auffällig länger. Der Körper des Kleinkindes wirkt gedrungen, der des Erwachsenen dagegen hager bis athletisch.

Die Wirksamkeit des Kindchenschemas ist nicht an Kleinkinder oder Jungtiere gebunden, auch Erwachsene oder erwachsene Tiere können entsprechende Reaktionen hervorrufen, wenn sie trotz des Erwachsenseins Merkmale des Kindchenschemas aufweisen – einige Tiere („Schoßhündchen") wurden vom Menschen auch ganz gezielt auf diese Merkmale hin gezüchtet.

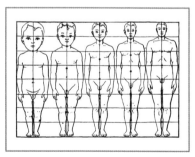

Abb. 25: Die Abbildung zeigt, wie sich die Körperproportionen vom Kleinkind zum Erwachsenen hin allmählich verändern.

Die **Merkmale des Kindchenschemas** sind bei genauerer Betrachtung recht komplex und schwer in ihrer Gesamtheit zu erfassen (Abb. 24): weite Pupillen, eine vorgewölbte Stirn, ein relativ kleiner, zierlicher Gesichtsschädel, vorspringende Pausbacken, ein stark gewölbter Hinterkopf, weit auseinander liegende große Augen, ein im Verhältnis zum Rumpf relativ großer Kopf, kurze dicke Extremitäten, rundlich weiche Körperformen, aber auch bestimmte stimmliche Merkmale. Eine Fettpolsterung bewirkt die insgesamt rundlicheren Formen.

Diese genannten Merkmale des Kindchenschemas wirken entweder gemeinsam oder auch allein als Schlüsselreiz, der einen angeborenen Auslösemechanismus (AAM) anspricht.

AAM → vgl. S. 15

Alle Merkmale des Kindchenschemas werden – allein oder zusammen – in der **Werbeindustrie** gezielt zur Vermarktung von Produkten eingesetzt. Zwei Beispiele: Während Teddybären der Firma Steiff im Jahre 1905 zunächst noch recht hager aussahen, zeigen die heutigen Teddybären in aller Regel viel rundere Formen (Abb. 26 A): die Gliedmaßen sind kürzer und dicker, Kopf und Rumpf gedrungener.

Bei der Mickey-Maus-Figur von Walt Disney wurde z. B. über die ersten 50 Jahre ihrer Existenz die Augengröße von 27 auf 42 % der Kopfgröße erhöht (Abb. 26 B). Die Rundung des Kopfes konnte zwar nicht weiter verändert werden, da dieser einfach als Kreis gezeichnet wurde, doch verschob man die Ohren weiter nach hinten, sodass sich ihr Abstand zur Nase vergrößerte, wodurch eine stärkere Stirnwölbung vorgetäuscht wird. Diese Entwicklung hin zum Kindchenschema wird durch die Kleidung verstärkt. Die längeren und dickeren Hosen lassen die Beine insgesamt dicker und kürzer erscheinen.

Abb. 26: (A) Teddybären der Firma Steiff: Links aus den Anfangsjahren der Produktion (1905) und rechts nach seiner Entwicklung zum Kuscheltier – die Gliedmaßen sind verkürzt, Kopf und Rumpf runder, auch die Gesichtsform nähert sich dem Kindchenschema an.
(B) Auch hier gilt Entsprechendes – die heutige Form der Mickey-Maus (rechts) weist im Vergleich zu der von 1930 (links) eine klare Tendenz zum Kindchenschema auf.

3.2 Frau oder Mann? Das Partnerschema

Ob eine Person männlich oder weiblich ist, kann prinzipiell aus der Körperform abgeleitet werden. Für diese Unterscheidung sind offenbar ebenfalls angeborene Strukturen in Form eines AAM verantwortlich. Maßgeblich für die Zuordnung zu einem Geschlecht ist bei Frauenkörpern der Vergleich des **Verhältnisses von Taille zu Hüfte**, bei Männerkörpern das Verhältnis von **Schulterbreite zu Taille**. Idealerweise besitzen Frauen eine schmale Taille und relativ breite Hüften, Männer dagegen breite Schultern, die zur Taille hin eine V-Form ergeben (Abb. 27).

Beide Merkmale spielen nicht nur bei der Zuordnung zu einem Geschlecht, sondern auch bei der Beurteilung der **Attraktivität** eine wichtige Rolle: Personen mit einer entsprechend deutlichen Ausprägung werden als vergleichsweise attraktiver eingeschätzt. Die optimale Differenz des Umfangs von Hüfte und Taille liegt bei Frauen bei ca. 30 Zentimetern (Abb. 28).

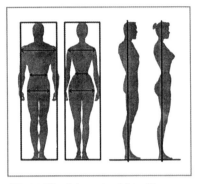

Abb. 27: Männliche und weibliche Körperschemata (links von vorn, rechts von der Seite dargestellt). Die Pfeile zeigen an, welche Maße für die Geschlechtererkennung und die Bewertung der Attraktivität von Attrappen ausschlaggebend sind.

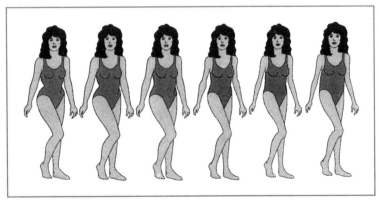

Abb. 28: Von links nach rechts sind Frauenattrappen nach der ihnen zugeschriebenen Attraktivität dargestellt: Die „kurvenreichste" Frau (ganz links) fanden die männlichen Versuchspersonen am attraktivsten. Das Verhältnis von Taille zu Hüfte wurde durch die Weite der Taille verändert.

Interessanterweise bevorzugen Jungen und Mädchen bis zur Pubertät im Experiment die Attrappen des eigenen Geschlechts. Nach der Pubertät kehrt sich dies um: Nun finden Jungen die weiblichen Formen attraktiver und Mädchen die von Jungen. Entsprechende Veränderungen vollziehen sich zu dieser Zeit auch am Körper der beiden Geschlechter: Beim Mädchen bilden sich die Brüste allmählich aus und die Hüfte verbreitert sich, wodurch die Taille schmaler erscheint. Beim Jungen werden die Schultern breiter und sein Brustkorb weitet sich, außerdem bekommt er kräftigere Armmuskeln.

Nach derzeitigem Kenntnisstand liefern die unterschiedlichen Körperformen wichtige Signale über den biologischen „Wert" eines möglichen Partners: Die Körperformen des Mannes signalisieren seine Funktion als „Beschützer" und Versorger der Frau und ihrer Kinder; die Körperformen der Frau geben Aufschluss darüber, wie groß die Wahrscheinlichkeit einer Empfängnis ist (Fruchtbarkeit) und wie viele Kinder sie noch bekommen kann (so genannter reproduktiver Wert).

*Der **reproduktive Wert** gibt an, wie viele Nachkommen ein Lebewesen noch erwarten kann.*

Ebenso wie beim Kindchenschema macht sich die **Produktwerbung** diese Erkenntnisse der Verhaltensbiologie zunutze, um Aufmerksamkeit zu erregen und eine positive Einstellung gegenüber ihren Produkten zu erzielen. Die Form der Coca-Cola-Flasche soll zu diesem Zweck sogar direkt nach den Körperformen der Frau entworfen worden sein. Und die Kunstfigur des Computerspiels „Tomb Raider", Lara Croft, zeigt die von Männern bevorzugte Wespentaille in nahezu idealer Weise (Abb. 29).

Abb. 29: Lara Croft, die Kunstfigur (und Kultfigur) des Computerspiels „Tomb Raider", gilt in der Fangemeinde geradezu als Sinnbild der „Fraulichkeit" – sie besitzt, wie es dem Schema entspricht, eine relativ breite Hüfte und eine ausgeprägte Taille.

3.3 Angeborene Verhaltensweisen beim Kleinkind

Klammerreflex: Der Reflex der Innenhand lässt sich etwa bis zum 5./6. Lebensmonat nachweisen, der an der Fußsohle bis zum 11. Lebensmonat.

Zu den angeborenen Verhaltensweisen des Menschen zählt auch der **Klammerreflex**, der durch Berührungsreize in der Handinnenfläche und Fußsohle ausgelöst wird. Der Klammerreflex befähigt den Säugling, sich einige Sekunden lang mit ganzem Körpergewicht an einem aufgespannten Seil festzuklammern. Entwicklungsgeschichtlich ist anzunehmen, dass der Klammerreflex ursprünglich dem Festhalten am Fell der Mutter diente, wie dies heute u. a. bei Menschenaffen zu beobachten ist.

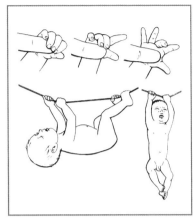

Abb. 30: Greifreflexe beim Menschen. Oben ist zu sehen, wie die einzelnen Finger nacheinander eingesetzt werden.

Moro war ein deutscher Arzt, der die Reaktion als erster beschrieben hat.

In engem Zusammenhang mit dem Klammerreflex ist der **Moro-Reflex** zu sehen. Wird das Kleinkind unsanft auf dem Rücken abgelegt, streckt es ruckartig seine Arme aus, um sie anschließend gleich wieder anzuziehen. Da der Moro-Reflex für das Kind unangenehm ist, fängt es infolge der heftigen eigenen Bewegung häufig an zu schreien. Auch dieser Reflex dient vermutlich dem Festhalten im Fell der Mutter: Bewegt sich eine Affenmutter mit ihrem Jungen auf dem Rücken ruckartig, sodass der Kopf des Affenkindes nach hinten fällt, führt der Moro-Reflex zu einer festeren Umklammerung. Ähnlich wie der Klammerreflex der Handinnenfläche verliert sich der Moro-Reflex etwa ein halbes Jahr nach der Geburt. Die stärkste Ausprägung des Reflexes findet sich innerhalb der ersten Lebenswochen.

Beim Menschen haben die Klammerreflexe und der Moro-Reflex ihre Funktion weitgehend verloren. Sie erinnern lediglich an unser stammesgeschichtliches Erbe, das wir mit den Menschenaffen über weite Strecken der Entwicklungsgeschichte teilen.

Homologie: griech. *homos* gleich *logos* Lehre

Die **Ähnlichkeiten im Verhalten** verschiedener Arten können auf **homologen** erbkoordinierten Bewegungen beruhen und ein Hinweis auf stammesgeschichtliche Verwandtschaft sein.

Reflex → vgl. S. 5

Demgegenüber besitzen der **Such-**, der **Saug-** (Abb. 31) und der **Schluckreflex** noch heute Bedeutung:
Sie stehen im Dienste der Nahrungsaufnahme und sichern das unmittelbare Überleben des Kindes. Das Bestreichen der Wange führt beim Kleinkind zur Kopfbewegung in Richtung auf den Reiz (Suchreflex). Bereits das Berühren der Lippen führt dann zum Spitzen der Lippen und das Berühren des Gaumens zu kräftigen Saugbewegungen (Saugreflex). Beim Füttern ist schließlich der Schluckreflex zu beobachten. Alle drei Reflexe verschwinden etwa im dritten Lebensmonat.

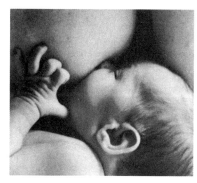

Abb. 31: Saugreflex beim Neugeborenen.

4 Nachweismethoden für angeborenes Verhalten

Um herauszufinden, ob eine bestimmte Verhaltensweise angeboren oder erlernt ist, bedient man sich einer Reihe von Methoden:
- Attrappenversuche
- Kreuzungsexperimente
- Beobachtungen unmittelbar nach der Geburt
- Isolationsversuche („Kaspar-Hauser-Versuche")
- Zwillingsvergleich
- Kulturübergreifender Vergleich

Im Folgenden wird auf die einzelnen Methoden genauer eingegangen.

4.1 Attrappen helfen bei der Suche nach Schlüsselreizen – verschiedene Beispiele

Schlüsselreiz → vgl. S. 14

Mithilfe von Attrappen prüft der Verhaltenswissenschaftler, welche Merkmale welche Reaktionen zur Folge haben. Der Attrappenversuch ist damit eine grundlegende Methode zum Nachweis von **Schlüsselreizen**. Im Folgenden soll anhand einiger bekannter Beispiele gezeigt werden, wie unterschiedlich und wie komplex Schlüsselreize insgesamt ausfallen können.

Bei der Interpretation der Ergebnisse von Attrappenversuchen können sich Probleme ergeben. Werden verschiedene Attrappen zeitlich eng aufeinanderfolgend getestet, beruht eine schwächere Reaktion gegen Ende des Versuches möglicherweise nicht auf der prinzipiellen Unwirksamkeit der Attrappe und deren Merkmalen, sondern kann auf

Habituation: lat. *habitus* Verhalten, Stimmung, hier: Gewöhnung
→ vgl. S. 56 ff.

Adaptation: lat. *adapto* anpassen
→ vgl. S. 56

Habituation oder **Adaptation** zurückzuführen sein.

In älteren Schulbüchern wird an dieser Stelle meist auch auf das Kampfverhalten territorialer Stichlingsmännchen im Zusammenhang mit der Paarung eingegangen. Angesichts neuerer Untersuchungen ist dieses Beispiel jedoch ausgesprochen problematisch. Ohne im Detail auf die vorliegenden Versuche einzugehen, mag an dieser Stelle nur kurz festgestellt werden, dass der rote Bauch des Stichlingsmännchens zur Auslösung von Kampfhandlungen nicht zwingend erforderlich ist (Angriffsreaktionen können demzufolge auch mithilfe von Attrappen ausgelöst werden, die keinen roten Bauch besitzen).

Als **Sperren** bezeichnet man das weite Öffnen des Schnabels bei den Jungen bestimmter Vogelarten, meist um Futter zu erhalten.

Wechselnde Reize bei jungen Drosseln – Aus welcher Richtung kommt das Futter?

Frisch geschlüpfte Drosseln strecken bei entsprechender Reizung ihre Köpfe senkrecht in die Höhe und sperren. Zunächst reagieren hungrige Jungvögel auf alle **mechanischen Reize**, z. B. auf Berührung des Nestes mit der Hand (Abb. 32 A).

Dieser Reiz entspricht dem, den ein Elternvogel verursacht, wenn er sich am Nestrand mit Futter niederlässt. Ganz offensichtlich orientieren sich die noch blinden Jungvögel bei ihrer senkrecht nach oben ausgerichteten Bewegung an der Schwerkraft.

Eine Woche später, wenn die Jungvögel gerade ihre Augen geöffnet haben, können die jungen Drosseln zwar auf den **Sichtreiz** einer Hand reagieren, ihre Reaktion ist aber immer noch an der Schwerkraft orientiert – sie sperren nach wie vor senkrecht nach oben (Abb. 32 B). Die jungen Drosseln sind zu diesem Zeitpunkt also noch nicht in der Lage, sich dem Elternvogel zuzuwenden. Einige Tage später verändert sich das Verhalten der Drosseln. Nun löst die Hand nicht nur die Reaktion des Sperrens aus, sondern bewirkt auch eine Orientierung zur Hand hin (Abb. 32 C). Diese Attrappenversuche zeigen, dass je nach Entwicklungsstand unterschiedliche Schlüsselreize wirksam sein können – während zunächst ein mechanischer Reiz das Sperren auslöst, ist dies später ein Sichtreiz.

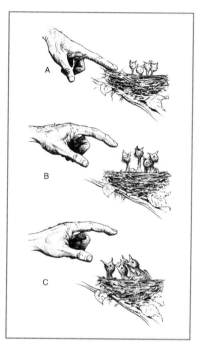

Abb. 32: Junge Nestlinge der Drossel können ihre Reaktion erst nach einigen Tagen auf einen Sichtreiz hin ausrichten.

Mit sehr einfachen Vogelattrappen aus Pappe (Abb. 33) untersuchte Nikolaas Tinbergen dann später genauer, anhand welcher Reize, die Jungvögel ihr Sperren auf den Kopf des Muttervogels hin ausrichten. Tinbergen fand heraus, dass das Größenverhältnis von Kopf und Rumpf den Ausschlag gibt. Die jungen Drosseln reagieren am besten, wenn das Größenverhältnis Kopf-zu-Rumpf, bezogen auf den Durchmesser, ca. 1 : 3 beträgt. Das Ergebnis zeigt also, dass die Jungen nicht durch die absolute Größe, sondern durch das **Größenverhältnis** zwischen Kopf und Rumpf bestimmen, wo sich der Kopf befindet.

Abb. 33: Versuch zur Auslösung des Sperrens bei Drosseljungen mithilfe von Pappattrappen: Bei dem Modell wird der kleinere Kreis angesperrt (Der Pfeil kennzeichnet den mutmaßlichen Kopf des Muttervogels.)

Hühnervögel – Woran erkennt das Küken den Raubvogel?

Küken von Hühnervögeln ducken sich, sobald ein Raubvogel über sie hinwegfliegt. Woher wissen sie, dass ihnen ein Raubvogel, z. B. ein Habicht, nach dem Leben trachtet? Der Umstand, dass schon erfahrungslose Küken das beschriebene Verhalten zeigen (also Küken, die nie zuvor einen Habicht gesehen haben), legt nahe, dass es sich bei dem ängstlichen Ducken um eine angeborene Verhaltensweise handelt. Doch das ist nur begrenzt richtig.

Versuche haben nämlich gezeigt, dass sich erfahrungslose Küken zunächst bei allen Objekten ducken, die über ihre Köpfe hinwegfliegen. Im einfachsten Fall kann dieses „Objekt" ein herunterfallendes Blatt sein (Abb. 34 A). Diese Furchtreaktion ist den Küken von Hühnervögeln angeboren. Ihre Reaktion lässt jedoch gegenüber häufiger auftretenden Objekten bald nach, sodass sie sich z. B. bei vorüberfliegenden Singvögeln oder bei einer Gans nicht mehr ducken (Abb. 34 B). Vor vertrauten Flugobjekten scheinen sie ihre Furcht also allmählich zu verlieren. Den dieser Reaktion zugrunde liegenden Lernvorgang bezeichnet man als **Habituation oder Gewöhnung**. Bei selten vorüberfliegenden Vögeln wie dem Habicht oder dem Bussard kommt es hingegen zu keiner Gewöhnung (Abb. 34 C). **Das Küken lernt das Feindbild** von Raubvögeln also **indirekt**: indem es lernt, welche Vögel

Habituation
→ vgl. S. 56 ff.

nicht gefährlich sind. Bei nicht vertrauten Vögeln wird die angeborene Reaktion des Duckens also einfach nur aufrechterhalten. Die Reaktion des Duckens ist damit zwar einerseits angeboren, andererseits ist die spezifische Reaktion auf Raubvögel erlernt – wenn auch über einen eher ungewöhnlichen Lernvorgang.

Abb. 34: Erfahrungslose junge Hühnervögel antworten zunächst auf Fluggestalten unterschiedlichster Form mit Furcht und Ducken – sogar auf ein herabfallendes Blatt (A). Werden sie älter, gewöhnen sie sich an häufiger auftretende Objekte und verlieren so die Furcht vor ihnen (B). An das Flugbild eines Raubvogels gewöhnen sie sich dagegen nicht, da sie dies zu selten sehen (C).

Wie identifiziert aber ein Küken letztlich einen Raubvogel? Tatsächlich unterscheiden die Küken bei Vögeln in erster Linie nur zwischen Raubvogel und Nicht-Raubvogel. Interessanterweise gelingt ihnen das über ein recht einfaches Merkmal: die Halslänge (Abb. 35). Weist ein Vogel einen vergleichsweise langen Hals auf, ordnet das Küken ihn als Nicht-Raubvogel ein. Besitzt er dagegen einen eher kurzen Hals, wird er als Raubvogel erkannt.

Abb. 35: Attrappen zur Prüfung der auslösenden Reize für die Fluchtreaktion bei Hühnervögeln. Das Pluszeichen deutet an, dass die Jungen sich vor der Attrappe ducken.

Mithilfe einer einfachen Flugattrappe aus Pappe, die an einem Seil über den Küken entlang gezogen wurde, konnte gezeigt werden, dass ein und dieselbe Attrappe **als Raubvogel und als Nicht-Raubvogel** erkannt werden kann. Je nach Flugrichtung erhält die Attrappe in Abbildung 36 nämlich entweder einen kurzen oder einen langen Hals. Die Küken sind demnach in der Lage, die Bewegung der Attrappe bzw. des Vogels als Information mit zur Beurteilung heranzuziehen (der Kopf bzw. der Hals befindet sich in Flugrichtung vorn).

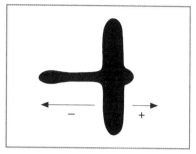

Abb. 36: Die Attrappe wirkte als Raubvogel (+ „Habicht"), wenn sie nach rechts, nicht jedoch, wenn sie nach links bewegt wurde (– „Gans").

Schlüsselreize beim Maulbrüter –
Wie finden die Jungen den Weg ins rettende Maul?

Beim Maulbrüter flüchten die Jungfische bei Gefahr ins Maul der Mutter. Durch Attrappenversuche wurde untersucht, anhand welcher Reize die Jungfische den Weg in das schützende Maul finden. Die Versuche mit mehreren Attrappen ergaben, dass erschreckte Jungfische eine scheibenförmige Attrappe grundsätzlich von unten anschwimmen (Abb. 37: A–E). Allerdings reagieren die Fische zusätzlich auch auf dunkle Stellen (A/A'). Sind in der Attrappe Vertiefungen vorhanden, versuchen die Jungfische überdies, sich in diese „einzubohren" (D/E).

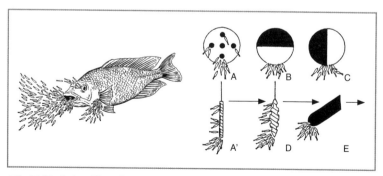

Abb. 37: Maulbrüter: Mutterfisch mit Jungen, die auf das Maul zuschwimmen (links). Verschiedene Attrappen (rechts): A–C bestehen aus flachen Scheiben (A' = A von der Seite), D ist eine seitlich dargestellte Scheibe mit Vertiefungen, E ein schwarz gefärbtes Reagenzglas mit einer Öffnung am Grunde.

Schlüsselreize bei Schreikranichen – Attrappen im Dienste des Tierschutzes

Zoologie: Tierkunde, Teilgebiet der Biologie

Ein spektakuläres Beispiel für den Einsatz einer Attrappe im Dienste des Tierschutzes gibt der Zoologe Kent Clegg, der 1997 die Flügelspitzen seines Ultraleichtflugzeuges dunkel anstrich und Schreikranichen als „Elternvogel" den Weg in ihr Winterquartier zeigte (Abb. 38).

Abb. 38: Neun elternlose Schreikraniche folgten 1997 einem Flugzeug von Idaho ins Winterquartier nach New Mexiko (1 200 km Entfernung).

Das entscheidende Merkmal seiner Attrappe bestand in den dunklen Flügelspitzen – die Größe oder das Motorengeräusch hingegen hatte für das Nachfolgen kaum eine Bedeutung.

Im Vergleich zum Alltagsgebrauch der Bezeichnung Attrappe als „genaue Nachbildung" können die Attrappen also recht unnatürlich ausfallen – zumindest aus Sicht des Menschen.

4.2 Kreuzungsexperimente

Der Nachweis angeborenen Verhaltens ist für viele Verhaltensweisen durch genetische Kreuzung gelungen. Verhaltensmerkmale, die von einem Gen (monogen bedingte Merkmale) oder nur wenigen Genen bestimmt werden, eignen sich naturgemäß am besten für entsprechende Untersuchungen. Kreuzt man Eltern mit unterschiedlichen Verhaltensweisen, so müssten diese Verhaltensweisen gemäß den Mendel'schen Regeln der Vererbung an die Nachkommen weitergegeben werden.

Gen: Ein bestimmter Abschnitt der DNA, der ein funktionelles Produkt (z. B. ein Protein) kodiert. Einheit der Vererbung.

Bei einem **monohybriden Erbgang** unterscheiden sich die Eltern in einem Merkmalspaar.

Ein einfacher monohybrider Erbgang für eine Verhaltensweise wurde bei bestimmten Fadenwürmern (Nematoden) nachgewiesen. Diese Fadenwürmer führen mit ihren Körpern winkende Bewegungen aus. Das Winken erhöht für die Würmer die Wahrscheinlichkeit, mit einem Insekt in Kontakt zu kommen, das sie an einen anderen Ort mit günstigeren Lebensbedingungen transportiert.

Abb. 39: „Winkende" Fadenwürmer.

Verhalten ist genetisch programmiert

Allel: Alternative Form eines Gens.

Die Verhaltensweise „Winken" wird durch ein einzelnes Gen bestimmt. Das Allel für die Verhaltensweise „Winken" ist gegenüber dem Allel für „Nicht-Winken" dominant. Die erste Filialgeneration (Tochtergeneration) verhält sich demnach uniform (alle Würmer „winken"), in der zweiten Filialgeneration kommt es zu einer Aufspaltung von 3:1.

In den 60er-Jahren konnte bei amerikanischen Honigbienen gezeigt werden, dass ein bestimmtes Nestreinigungsverhalten ebenfalls gemäß den Mendel'schen Regeln vererbt wird. Die Larven der Honigbiene sterben gelegentlich an einer Bienenstockkrankheit mit dem Namen „Amerikanische Brutfäule", die die Larven in ihren Wabenzellen tötet. Um die nötige Hygiene aufrecht zu erhalten, öffnen die Arbeiterinnen die Deckel der betroffenen Wabenzellen und entfernen die erkrankten oder toten Tiere. Einige Bienenstämme, so genannte „unhygienische" Stämme, zeigen dieses Reinlichkeitsverhalten nicht. Wie sich zeigte, sind die hygienischen Bienen wegen ihres Reinlichkeitsverhaltens gegenüber der Krankheit weniger anfällig als die unhygienischen.

Die Untersuchung ergab, dass offenbar zwei Gene das Verhalten der Bienen steuern: Ein Gen bewirkt das Öffnen der Wabenzelle, ein anderes das Herausnehmen der Larve.

Die **Allele** für hygienisches Verhalten werden mit den Buchstaben „**u**" (engl. *uncapping* öffnen) und „**r**" (engl. *removing* entfernen) bezeichnet, die Allele für das unhygienische Verhalten entsprechend mit den Großbuchstaben „**U**" bzw. „**R**".

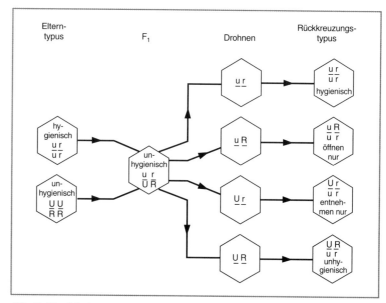

Abb. 40: Mendel'sches Vererbungsschema des „Reinlichkeitsverhaltens" bei der amerikanischen Honigbiene. F_1 ist die Abkürzung für die 1. Tochtergeneration.

heterozygot: Vorliegen zweier unterschiedlicher Allele eines Genortes auf homologen Chromosomen.

Beide Allele für unhygienisches Verhalten (Nichtöffnen, Nichtherausnehmen) sind offenbar gegenüber den Allelen für hygienisches Verhalten (Öffnen, Herausnehmen) dominant.

Kreuzt man zwei Elterntiere, von denen eines „hygienisch", das andere „unhygienisch" ist, werden alle Nachkommen der ersten Filialgeneration das unhygienische Verhalten zeigen (Abb. 40), da die rezessiven Allele für das hygienische Verhalten bei Heterozygoten nicht zur Ausprägung kommen.

Die Rückkreuzung einer „unhygienischen Königin" mit Drohnen verschiedener Genotypen (ur, uR, Ur, UR) ergab Nachkommen mit vier Genotypen zu etwa gleichen Zahlen. Dieses Ergebnis entspricht den Erwartungen gemäß den Mendel'schen Regeln.

4.3 Beobachtungen unmittelbar nach der Geburt

angeborenes Verhalten:
→ vgl. die generell andere Verwendung des Begriffs in der Verhaltensbiologie, S. 8

Reflexe → vgl. S. 5

Bei Verhaltensweisen, die unmittelbar nach der Geburt gezeigt werden, kann man **im alltäglichen Sinne** des Wortes von „angeborenen" Verhaltensweisen sprechen. Die zu diesem Zeitpunkt gezeigten Verhaltensweisen stellen stammesgeschichtlich erworbene Anpassungen dar, die ohne individuelle Lernprozesse realisiert werden. Zu diesen Verhaltensweisen gehören u. a. die Reflexe.

Anzumerken ist, dass nicht jedes bei der Geburt gezeigte Verhalten erblich bedingt sein muss, sondern auch auf vorgeburtliche Umwelteinwirkungen oder Lernprozesse im Mutterleib zurückgehen kann.

4.4 Isolationsversuche

Durch die Isolation sollen mögliche Lernvorgänge bis zum ersten Auftreten einer Verhaltensweise unterbunden werden. Verhaltensweisen, die unter diesen Bedingungen auftreten, sind infolge dieser Aufzuchtbedingungen in ihrem Ablauf weitgehend erbgesteuert, also angeboren. Isolationsversuche zielen auf Verhaltensweisen ab, die ein Lebewesen erst **einige Zeit nach der Geburt** zeigt.

In Nürnberg tauchte 1828 ein Findelkind namens **Kaspar Hauser** (1812–1833) auf. Nach eigenen Angaben war er in einer dunklen Kammer aufgewachsen.

Im **Kaspar-Hauser-Versuch** werden Versuchstiere unter **weitgehendem Erfahrungsentzug** in einer **veränderten Umwelt** ohne Kontakt mit Artgenossen aufgezogen.

Bei den meisten durchgeführten Isolationsversuchen handelt es sich um **Teil-Kaspar-Hauser-Versuche**, d. h.: nur **bestimmte Umweltreize werden vorenthalten** und die dadurch verursachten Verhaltensänderungen im Protokoll festgehalten. Sinn und Zweck von Kaspar-Hauser-Versuchen ist also der **systematische und kontrollierte Erfahrungsentzug**.

Kaspar-Hauser-Tier: Ein Tier, das unter weitgehendem Erfahrungsentzug ohne Kontakt mit Artgenossen aufgezogen wurde.

Bei **akustischen** Kaspar-Hauser-Versuchen werden Singvögel z. B. für eine bestimmte Zeit in schalldichten Kammern isoliert von ihren Artgenossen gehalten, um so Aufschluss darüber zu bekommen, welche Teile ihres Gesangs erlernt werden müssen, und bei der **sozialen Isolierung** wird beispielsweise untersucht, welche Bedeutung die Beziehung zu Artgenossen hat.

In der Natur kommen Teil-Kaspar-Hauser-Versuche auch ohne jegliches Zutun des Menschen zustande. Blind, taub oder gar taubblind geborene Kinder können nicht sehen, hören oder beides, es fehlen ihnen also die beiden wichtigsten Sinne, durch die Menschen Informationen aus ihrer Umwelt erhalten. Trotzdem zeigen sie die charakteristische menschliche Mimik: Sie lachen, weinen und lächeln genauso wie sehende und hörende Kinder (Abb. 41). Da diese Kinder keine Möglichkeit hatten, dieses Ausdrucksverhalten von ihren Mitmenschen zu erlernen, kann man begründet annehmen, dass diese Verhaltensweisen angeboren sind.

Abb. 41: Reaktion eines blindgeborenen, ca. 11 Jahre alten Jungen auf die Frage: „Hast du eine Freundin?" Er verhüllte sein Gesicht und sagte: „Nicht filmen!" Obwohl der Junge blind geboren ist und nie die Mimik und Gestik anderer Menschen beobachten konnte, zeigt er die typischen Verhaltensweisen eines verlegenen Jungen.

Hospitalismus
→ vgl. Prägungsartige Lernvorgänge S. 68 ff.

Ein völliger Erfahrungsentzug ist auch bei Kaspar-Hauser-Versuchen **letztlich unmöglich**. Beim Fehlen aller sozialen Kontakte kommt es – wie beim Hospitalismus – zu nachhaltigen Verhaltensstörungen, wie z. B. Teilnahmslosigkeit und der Unfähigkeit, normale soziale Kontakte zu entwickeln. Solche Verhaltensstörungen können in aller Regel später nicht mehr rückgängig gemacht werden. Angesichts möglicher Verhaltensstörungen müssen Rückschlüsse der Ergebnisse von Kaspar-Hauser-Versuchen auf normales Verhalten also stets äußerst kritisch beurteilt werden.

4.5 Zwillingsvergleich

Die traditionelle Methode, die Erblichkeit von Merkmalen zu beurteilen, sind Vergleiche der Daten von eineiigen Zwillingen untereinander, zu zweieiigen Zwillingen und zu normalen Geschwistern (zur Entstehung von Zwillingen vgl. Abb. 42).

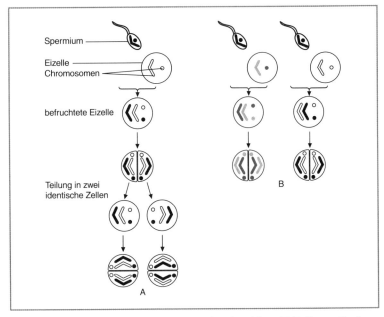

Abb. 42: Schema zur Entstehung von eineiigen (A) und zweieiigen (B) Zwillingen. Eineiige Zwillinge stammen von einer befruchteten Eizelle ab, die sich nach der Befruchtung in zwei voneinander unabhängige Zellen aufteilt. Zweieiige Zwillinge entstehen hingegen aus zwei getrennten, aber zur gleichen Zeit befruchteten Eizellen.

Besonders interessant für die Forschung sind eineiige (genetisch identische) Zwillinge, wenn diese von Geburt an getrennt aufgewachsen sind. Der Vorteil des Vergleichs getrennt aufgewachsener eineiiger Zwillinge besteht darin, dass sich anhand der erhobenen Daten relativ gut einschätzen lässt, wie viel Einfluss die Umwelt und wie viel Einfluss die Gene auf die Entwicklung eines Individuums haben. Ein berühmtes Zwillingspaar sind die Brüder Jim Lewis und Jim Springer, die kurz nach ihrer Geburt voneinander getrennt wurden (Abb. 43). Erst 39 Jahre später trafen sie wieder aufeinander und stellten erstaunliche Ähnlichkeiten fest: Jeder hatte eine Frau namens Linda geheiratet, ihre Söhne hießen beide James, beide hatten sich sterilisieren lassen und meinten, einen Herzanfall gehabt zu haben. Auch die messbaren Charaktereigenschaften wie Toleranz, Flexibilität und Selbstbeherrschung waren so ähnlich wie bei einer Person.

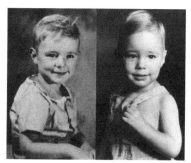

Abb. 43: Eineiige („identische") Zwillinge, die kurz nach der Geburt getrennt aufwuchsen. Von links nach rechts: Jim Lewis im Alter von zwei Jahren, Jim Springer im Alter von drei Jahren und beim Wiedersehen nach 39 Jahren als Erwachsene.

Zweieiige Zwillinge sind sich genetisch nicht ähnlicher als normale Geschwister. Bei ihnen wurden lediglich zwei Eizellen zur gleichen Zeit befruchtet (siehe Abb. 42). Allerdings wachsen zweieiige Zwillinge – wie auch eineiige Zwillinge – in einer relativ ähnlichen Umwelt auf, sodass auch hier ein Vergleich zu eineiigen Zwillingen hilft zu bestimmen, wie groß der Einfluss des Erbgutes bzw. der Umwelt ist.

Während **eineiige** Zwillinge **genetisch identisch** sind, teilen **zweieiige** Zwillinge wie normale Geschwister durchschnittlich die **Hälfte ihrer Gene**.

> **Unter Konkordanz** versteht man die vollständige Übereinstimmung zweier Menschen im Hinblick auf ein Merkmal.

Die Ähnlichkeit zweier Personen wird durch die so genannte **Konkordanz** angegeben. **Diskordanz** bezeichnet eine vollkommene Nichtübereinstimmung.

Fast jede der bislang unternommenen Zwillingsstudien ergab einen Hinweis auf eine gewisse erbliche Beeinflussung der allgemeinen kognitiven („geistigen") Fähigkeiten. Umfangreichere Untersuchungen haben z. B. ergeben, dass die Intelligenz eines Menschen zu etwa 65 bis 70 % genetisch festgelegt ist, mit anderen Worten: nur etwa 30 bis 35 % können auf Umwelteinflüsse zurückgeführt werden.

Bei der Interpretation der Daten aus Zwillingsstudien ist zu beachten, dass sich eineiige Zwillinge auch umweltbedingt ähnlicher sein könnten als zweieiige, da erstere zur gleichen Zeit die gleiche Eihaut (Chorion) teilen, genau gleich alt sind und nach der Geburt durch ihre Umwelt meist auch ähnlicher behandelt werden. Darüber hinaus gilt es im speziellen Fall der Intelligenz zu bedenken, dass diese immer nur in Annäherung zu erfassen ist.

4.6 Kulturübergreifender Vergleich

Eine weitere Möglichkeit, angeborene Verhaltensweisen nachzuweisen, besteht beim Menschen in der Suche nach Verhaltensweisen, die sich mehr oder weniger bei allen Menschen auf der Welt (kulturübergreifend) wiederfinden lassen (Universalien); oft begrenzt man die Suche nach bestimmten Verhaltensweisen auf ein Geschlecht oder auch auf ein bestimmtes Alter.

> **Universalien:** Genetisch bestimmte Verhaltensweisen des Menschen, die in allen Kulturkreisen vorkommen.

Für den Nachweis von Universalien werden Menschen möglichst vieler unterschiedlicher Gesellschaften und Kulturen im Hinblick auf ein bestimmtes Verhalten miteinander verglichen. Solche Vergleiche haben gezeigt, dass es elementare menschliche Verhaltensweisen gibt und dass diese im Verlauf der Stammesgeschichte ausgebildet worden sein müssen. Alle Menschen auf der Welt ordnen menschliche Gesichtsausdrücke einheitlich den Emotionen **Überraschung, Angst, Wut, Ekel, Freude** und **Trauer** zu. Diese „Grundemotionen" werden von allen Menschen auf der Erde gleichermaßen verstanden. Sowohl der **mimische Ausdruck** als auch das **Verständnis dieser Emotionen ist also genetisch bestimmt** und wird nicht über Lernen und Tradition vermittelt.

> Tradition → vgl. S. 86 f.

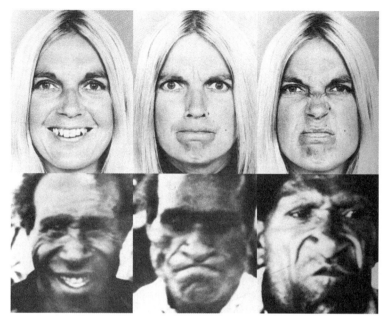

Abb. 44: Bestimmte Gesichtsausdrücke werden kulturübergreifend verstanden. Oben die Gesichtsausdrücke einer Amerikanerin, unten die eines Ureinwohners Neu Guineas; von links nach rechts: Freude, Verärgerung, Ekel.

Das Lachen und Lächeln sind bei allen Völkern bekannt und werden schon vom Säugling gezeigt. Diese Verhaltensweisen haben eine wichtige Signalfunktion für die Bezugspersonen, vor allem die Mutter: Sie signalisieren Zufriedenheit und Wohlbefinden. Bei Erwachsenen dienen sie der Kontaktaufnahme und -festigung und spielen eine wichtige soziale Rolle.

Zusammenfassung

- Unter dem Begriff **Verhalten** fasst man i. d. R. alle **beobachtbaren Lebensäußerungen** agierender und reagierender Art von Tieren und Menschen zusammen.
- Zu den einfachsten Verhaltensweisen zählt man Taxien und Reflexe.
- Verhalten kann prinzipiell angeboren (genetisch programmiert) oder erlernt sein.
- **Angeborenes Verhalten** beruht auf **stammesgeschichtlich erworbenem Verhalten**, während **erlerntes Verhalten** auf **individuellen Lernvorgängen** beruht. Entgegen dieser theoretischen Zweiteilung weist das konkrete Verhalten eines Lebewesens meist beide Komponenten auf, die eng miteinander verzahnt sind und die sich in der Praxis schwer voneinander trennen lassen.
- **Angeborene Verhaltensweisen werden durch Schlüsselreize ausgelöst.** Der der Reaktion zugrunde liegende neurosensorische Mechanismus heißt angeborener Auslösemechanismus (AAM). Liegt eine Verschränkung mit einem Lernprozess vor, spricht man von einem durch Erfahrung erweiterten angeborenen Auslösemechanismus (EAAM). Ist eine Reaktion erlernt worden, so liegt ein erworbener Auslösemechanismus (EAM) vor.
- Damit ein Reiz eine Reaktion auslösen kann, muss er oberhalb der Reizschwelle liegen.
- Die **Suche** eines Tieres **nach dem Schlüsselreiz** bzw. der entsprechenden Reizsituation bezeichnet man als **Appetenzverhalten**.
- Eine **starre, immer nach dem gleichen Muster ablaufende Bewegung** nennt man **Erbkoordination**. Anders als Reflexe sind Erbkoordinationen stark von der Handlungsbereitschaft abhängig. Erbkoordinationen werden i. d. R. durch Taxien (Orientierungsbewegungen) ergänzt.
- Verhalten, das aus einer **festen Abfolge von Einzelhandlungen** besteht, nennt man **Handlungskette**.
- Zwei Größen haben Einfluss auf die Reaktion: die Stärke des Reizes und die innere Handlungsbereitschaft (Prinzip der doppelten Qualifizierung).
- Menschliches Verhalten beruht zwar weitgehend auf Lernprozessen, doch findet sich auch hier angeborenes Verhalten (Kindchenschema, Partnerschema, bestimmte Verhaltensweisen beim Kleinkind).
- Angeborenes Verhalten kann mithilfe verschiedener Methoden nachgewiesen werden. Hierzu zählen: Attrappenversuche, Kreuzungsexperimente, Beobachtungen nach der Geburt, Isolationsversuche („Kaspar-Hauser-Versuche"), der Vergleich von Verhaltensweisen bei Zwillingen sowie der von Menschen verschiedener Kulturen.

Verhalten ist erlernt

1 Was versteht man unter Lernen?

Im Allgemeinen gebraucht man den Begriff „Lernen", ohne viel darüber nachzudenken. Was versteht man aber in der Verhaltensbiologie genau darunter?

Reifung → vgl. S. 30

Unter **Lernen** versteht man einen Vorgang, durch den sich das **Verhalten** eines Lebewesens **aufgrund von Erfahrungen** mehr oder weniger dauerhaft verändert. Ermüdungserscheinungen, Reifungsprozesse oder gar Verletzungen stellen keinen Lernvorgang dar.

Durch Lernen kann sich ein Tier individuell an Gegebenheiten seiner Umwelt anpassen. Das ist besonders für eine möglichst optimale Anpassung an eine sich ständig verändernde Umwelt wichtig. Demgegenüber können angeborene Verhaltensweisen ein Lebewesen nur auf Situationen vorbereiten, die auf ähnliche Art und Weise über Generationen hin aufgetreten sind und für die Lebewesen der betreffenden Art von herausragender Bedeutung waren. Solch ein angeborenes Können ist zwar einerseits für ein Lebewesen schnell verfügbar, weil keine Zeit für Lernen aufgewendet werden muss, es erlaubt andererseits aber auch keine flexible und situationsgerechte Reaktion auf veränderte Bedingungen.

Lernen setzt im Wesentlichen drei Vorgänge voraus: die **Aufnahme von Informationen** (Rezeption), die **Speicherung** (Gedächtnisbildung) und die **Abrufbarkeit** der Information. Zum Lernen gehört darüber hinaus auch immer das Vergessen des Gelernten.

obligatorisch: unerlässlich, unentbehrlich
→ vgl. Nachfolgeprägung, S. 62 ff.

fakultativ: freigestellt, möglich (jedoch entbehrlich)

Im Hinblick auf die Relevanz des Erlernten werden allgemein **obligatorische Lernvorgänge** von **fakultativen** unterschieden: Obligatorisch ist ein Lernvorgang, der **fürs Überleben eines Individuums notwendig** ist. **Fakultativ** sind Lernvorgänge, die **nicht lebensnotwendig**, aber doch vorteilhaft und nützlich für ein Lebewesen sind.

Die oben gegebene Definition des Lernbegriffs ist trotz ihrer Gebräuchlichkeit in mancherlei Hinsicht noch unvollkommen. Sie setzt nämlich voraus, dass sich eine Verhaltensänderung direkt im Anschluss an einen Lernvorgang beobachten lässt – und dies ist tatsächlich nicht immer der Fall. Sieht z. B. eine Person als Kind im Fernsehen eine Sendung darüber, wie man sich bei einem Flugzeugabsturz in der Wüste verhalten sollte, kann es sein, dass sie dieses Wissen nie einsetzen kann. Es könnte aber auch sein, dass sie 25 Jahre später in der Wüste verunglückt und sich an einzelne Ratschläge erinnert, die ihr das Leben retten. Hat nun die Person, die nicht abstürzt, nichts gelernt?

Ein zweiter Kritikpunkt betrifft die Dauer des Gelernten: Das Gelernte soll das Verhalten „dauerhaft" verändern – aber was ist genau unter dem Begriff „dauerhaft" zu verstehen? Reicht es, Vokabeln eine Stunde vor der Arbeit gelernt zu haben, auch wenn man sie anschließend gleich wieder vergisst?

Es wird deutlich, dass die obige Definition einige Schwierigkeiten bereitet. Vorläufig gibt es aber zu dieser Definition noch keine wirklich überzeugende und allgemein akzeptierte Alternative.

2 Die Entwicklung von Verhalten

2.1 Habituation: Die Wirkung wiederholter Reize lässt nach

Kommen wir in einen Raum, so nehmen wir oft auf Anhieb verschiedene Dinge wahr: das Ticken einer Uhr, den muffeligen Geruch des Raumes oder den Duft eines Parfums. Wenig später bemerken wir im Raum aber weder das Ticken der Uhr noch den Geruch. Erst eine nach uns in den Raum kommende Person wird diese Reize mit der ursprünglichen Intensität wahrnehmen und sich vielleicht darüber wundern, „wie man es in diesem muffeligen Raum nur aushalten" könne und was das für eine „schrecklich laut tickende Uhr" sei. Die Erklärung dieses Phänomens ist einfach: Man hat sich daran gewöhnt.
Betrachtet man diese Situation jedoch genauer, lassen sich zwei unterschiedliche Formen der Gewöhnung unterscheiden: die **Adaptation** und die **Habituation**. Im Falle des „muffigen Geruches" im Zimmer ist es so, dass die **Sinneszellen** auf die Reizung nur noch abgeschwächt reagieren: In diesem Fall spricht man von einer **Adaptation der Sinneszellen** oder einer **sensorischen Adaptation**.

> Unter **sensorischer Adaptation** versteht man die Abnahme der Erregbarkeit einer Sinneszelle oder eines Sinnesorgans infolge wiederholter Reizung. Hierbei handelt es sich um **keinen Lernvorgang**.

Im Falle des Geräusches (Ticken der Uhr) hingegen leiten die Sinneszellen die Informationen mit unverminderter Stärke an das Nervensystem weiter. Aufgrund einer Leistung des Nervensystems werden die Reize jedoch aus der aktiven Wahrnehmung ausgeblendet und so die Reaktionsbereitschaft bzw. die Reaktionen gedrosselt. Nur wenn die **Abnahme der Reaktionsstärke** aufgrund einer solchen **Leistung des Nervensystems** zustande kommt, handelt es sich um einen **Lernvorgang**. Diesen einfachen Lernvorgang nennt man **Habituation.**

> Treten Reize in nicht allzu großen zeitlichen Abständen wiederholt auf, ohne dass sie für das Lebewesen Konsequenzen haben, kommt es aufgrund einer **Leistung des Nervensystems zur Abnahme der Reaktionsstärke** bzw. dem vollständigen Ausbleiben der Reaktion. Diesen Lernvorgang nennt man **Habituation.**

Zum Teil kann die im Beispiel geschilderte Habituation dadurch erklärt werden, dass die betreffenden Reize keine weitere Bedeutung für einen hatten. Ohne dass man willentlich beteiligt gewesen wäre, hat daraufhin das Nervensystem „selbstständig beschlossen", die andauernd gleichen Reize zu ignorieren. Und das passiert aus gutem Grund. Denn angesichts der Vielzahl von Reizen in der Umwelt ist es nötig, den Organismus vor einer **Reizüberflutung** mit für ihn unwichtigen Informationen zu bewahren.

Auch im Tierreich finden sich für die Habituation viele Beispiele. Obstbauern wissen aus Erfahrung, dass zur Abschreckung von Vögeln aufgestellte Vogelscheuchen nur für relativ kurze Zeit wirksam sind, da sich die Vögel schnell an diese gewöhnen. Bei den Versuchen, die Vögel durch laute Schussgeräusche zu vertreiben, treten ähnliche Probleme auf.

Abb. 45: Die Abbildung zeigt den Mechanismus der Habituation bei einer Wegschnecke.

Ratten und viele andere Tiere erkennen Warnrufe von Artgenossen, die von einem Räuber bedroht sind. Folgt diesem Warnruf aber wiederholt kein Angriff, so reagieren diese schließlich nicht mehr auf ihn. Berührt man die Fühler einer Wegschnecke oder ruft durch einen Hammerschlag eine Erschütterung des Untergrunds hervor, zieht diese ihre Fühler ein und zieht sich in ihr Schneckenhaus zurück. Wiederholt man diesen Berührungsreiz ein paarmal, wird die Reaktion der Schnecke immer schwächer, bis sie schließlich fast gar nicht mehr reagiert (Abb. 45).

Nun könnte man beim Ausbleiben einer Reaktion vermuten, dass das betreffende Lebewesen auch einfach nur erschöpft ist – ein Tier also schlichtweg infolge einer Anstrengung zu keiner Reaktion mehr in der Lage ist. Um bei dem letzten Beispiel zu bleiben: Die Muskulatur der Wegschnecke könnte durch das ständige Einziehen ihrer Fühler bzw. Zurückziehen in ihr Gehäuse ermüdet worden sein. **Im Gegensatz zur Muskelermüdung ist die Reaktion** der Schnecke aber durch einen anderen **Reiz jederzeit wieder voll auslösbar**. Kommt es z. B. zu einer starken Lichtreizung, wird die Schnecke ihre Fühler auf Anhieb wieder einziehen. Ist das **Tier ermüdet,** ist eine entsprechende Reaktion prinzipiell **nicht** mehr möglich, und zwar unabhängig davon, welcher Reiz geboten wird. In diesem Fall handelt es sich demnach um eine Habituation.

Da es sich bei der Habituation um den **einfachsten aller Lernvorgänge** handelt, trifft man ihn bereits bei Einzellern an, z. B. bei dem in Sumpftümpeln lebenden einzelligen Trompetentierchen (Abb. 46). Das Trompetentierchen zieht sich auf einen ungewohnten Reiz hin zusammen und dehnt sich erst eine halbe Minute später wieder aus. Wiederholt man denselben Reiz mehrmals, so bleibt die Reaktion schließlich aus und der Einzeller geht seiner gewohnten Tätigkeit nach.

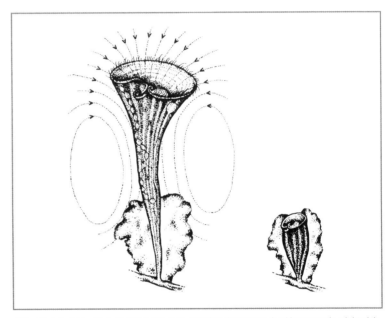

Abb. 46: Auf nicht vertraute Reize hin, z. B. eine Erschütterung des Untergrunds, zieht sich der Trichter des Trompetentierchens ruckartig zusammen. Die Pfeile links deuten die Strömungen an, die das aktive Trompetentierchen mit seinen Wimpernhärchen erzeugt, um sich Nahrungsteilchen heranzufächern. Rechts sieht man das zusammengezogene Trompetentierchen. Wiederholt man den gleichen Reiz ein paarmal, so reagiert das Trompetentierchen nicht mehr und bleibt bei seiner gewohnten Tätigkeit.

Beispiel für **länger andauernde Habituation**
→ vgl. S. 41 f.

Auf die Frage, wie lange eine Habituation erhalten bleiben kann, lässt sich keine allgemeingültige Antwort geben. Manche habituierte Reaktionen erholen sich innerhalb weniger Minuten bis Stunden, in anderen Fällen kann eine habituierte Reaktion Wochen oder Monate erhalten bleiben.

Aplysia – ein Modell zur Erklärung der neurophysiologischen Vorgänge bei der Habituation

Nacktschnecke: eine Schnecke ohne Gehäuse

Der **„Kalifornische Seehase"**, *Aplysia californica*, ernährt sich von Seegras, wird bis zu 40 cm lang und etwa 5 kg schwer.

Das Paradebeispiel für die neurophysiologische Untersuchung der **Habituation** ist eine am Meeresboden lebende Nacktschnecke (Abb. 47) namens „Kalifornischer Seehase". Der Name Seehase stammt von den langen, abstehenden „Ohren", die allerdings nicht dem Hören, sondern der „geschmacklichen" Überprüfung des Wassers dienen.

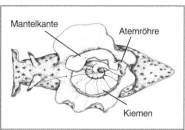

Abb. 47: Nacktschnecke *Aplysia californica*.

Das Nervensystem von *Aplysia* ist insgesamt relativ einfach gebaut und umfasst etwa 20 000 Nervenzellen (zum Vergleich: der Mensch besitzt Milliarden von Nervenzellen). *Aplysia* hat eine große Kieme und eine Atemröhre, auch Siphon genannt. Vor Feinden schützt *Aplysia* sich dadurch, dass sie zum einen „unappetitlich" aussieht (sie hat eine schmutzig gelbliche Farbe) und unangenehm schmeckt, zum anderen reagiert sie auf Berührung mit dem **Kiemenrückziehreflex** – um den es bei der Betrachtung der Vorgänge bei der Habituation geht.

Da der **Kiemenrückziehreflex** nicht beliebig oft wiederholbar ist, handelt es sich hier strenggenommen nicht um Reflex.
→ vgl. S. 5 f.

Wird die Atemröhre berührt (mechanisch gereizt), dann ziehen sich die Atemröhre und die Kiemen unter den Kiemenmantel zurück. Wiederholt man die Berührung mehrmals kurz hintereinander, etwa alle 30 Sekunden, wird die Reaktion immer schwächer – es kommt zur Habituation. Auf starke, bedrohliche Reize hingegen reagiert *Aplysia* ähnlich wie ein „Tintenfisch" und hüllt sich in eine violette Tintenwolke. Nach einer längeren Pause von wenigen Minuten bis zu einer Stunde tritt die Reaktion bei demselben Reiz wieder in voller Stärke auf – diese Erholung der Reaktion wird **Dishabituation** genannt. Eine Dishabituation kann auch dadurch herbeigeführt werden, dass man einen andersartigen Reiz nach der Habituation präsentiert. Folgt gleich darauf der erste Reiz, so löst auch dieser wieder die normal starke Reaktion aus.

> Als **Dishabituation** bezeichnet man die Aufhebung der Habituation.

An *Aplysia* konnte man zum ersten Mal zeigen, welche neurophysiologischen Mechanismen der Habituation zugrunde liegen. Forscher entdeckten, dass es in der Atemröhre nur 24 Sinneszellen gibt, die durch die Berührung gereizt werden. Diese Sinneszellen sind wiederum mit

Interneuron: Jede Nervenzelle, die zwischen einer sensorischen und einer motorischen Nervenzelle liegt.

Neurotransmitter: Botenstoff für die Übertragung an der chemischen Synapse.

synaptischer Spalt: Raum zwischen dem Endköpfchen einer Nervenzelle und der nachgeschalteten Zelle.

Vesikel: „Bläschen", die Neurotransmitter enthalten.

präsynaptische Membran: Die Membran der signalübertragenden Nervenzelle, die unmittelbar an den synaptischen Spalt angrenzt.

postsynaptische Membran: Die Membran der signalempfangenden Nervenzelle, die an den synaptischen Spalt angrenzt.

nur sechs motorischen Nervenzellen verbunden, die zu den Kiemen führen und dort direkt die Rückziehreaktion auslösen (Abb. 48).
Was führt nun aber auf neurophysiologischer Ebene zur Habituation? Wie behält *Aplysia* im Gedächtnis, dass gerade „dieser" Reiz nicht von Bedeutung ist? Die sensorischen Nervenzellen geben nach wiederholter Entladung eine immer geringere Menge an Neurotransmittersubstanz in den synaptischen Spalt frei. Interessanterweise liegt dies

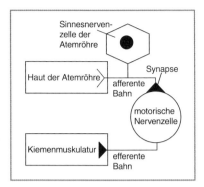

Abb. 48: Die Darstellung zeigt sehr stark vereinfacht die Verschaltung von Sinnesnervenzelle und motorischer Nervenzelle, die dem Kiemenrückziehreflex zugrunde liegt. (Eine weitere Verschaltung über ein Interneuron wurde weggelassen.)

nicht daran, dass an den sensorischen Nervenzellen weniger Aktionspotenziale ausgelöst würden oder dass in den Zellen zu wenig Transmittersubstanz nachgebildet wird. Es liegt vielmehr daran, dass die **Calcium-Kanäle** in der präsynaptischen Membran nach und nach **inaktiviert** werden. Da Calcium-Ionen die Verschmelzung der Vesikel mit der präsynaptischen Membran bewirken, kommt es durch den reduzierten Einstrom von Calcium-Ionen zu einer verminderten Ausschüttung des Neurotransmitters. Das Lernen in Form von Habituation bei *Aplysia* kann demnach allein durch Veränderungen auf präsynaptischer Seite erklärt werden.

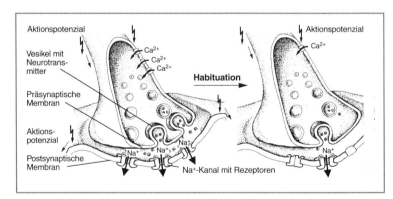

Abb. 49: Die Abbildung zeigt schematisch vereinfacht die Veränderungen an der Synapse bei der Habituation. Links: Die „normalen" Vorgänge an der Synapse nach Eintreffen eines Aktionspotenzials. Rechts: Wiederholte Reizung der Sinnesnervenzelle führt zur Habituation. Ein verminderter Einfluss von Calcium-Ionen in die präsynaptische Membran bewirkt eine geringere Ausschüttung des Neurotransmitters in den synaptischen Spalt.

2.2 Die Prägung: Ein bleibender Eindruck

Die Bezeichnung eines Lernvorgangs als Prägung erinnert nicht ganz zu unrecht an das Prägen von Münzen: In einer Phase, in der das metallische Material durch Erhitzen nur kurzzeitig formbar ist, kann etwas dauerhaft „eingeprägt" werden – was ausgesprochen sinnvoll ist, da von dieser Münze lange Gebrauch gemacht werden soll und diese auf keinen Fall durch irgendjemanden oder irgendetwas verändert werden darf. Im Falle der biologischen Prägung wird selbstverständlich kein Münzmuster in „metallisches Material" eingeprägt. Allerdings ist der Vorgang sonst recht ähnlich: Ein nachträgliches Umlernen ist unmöglich.

> Die **Prägung ist ein einmaliger Lernvorgang**, bei dem ein Lebewesen in einer frühen und kurzen Phase seines Lebens „Kenntnisse" erwirbt, die es oft ein Leben lang behält. Im Hinblick auf die Dauerhaftigkeit des Erlernten wird oft von der **Irreversibilität** des Prägungsvorganges gesprochen. Prägungsvorgänge sind im Entwicklungsprogramm zwingend vorgesehen und gehören zum obligatorischen Lernen.

irreversibel: nicht umkehrbar

Die Besonderheit dieses Lernvorgangs lässt erahnen, dass ein Lebewesen im Falle der Prägung etwas lernt, was für sein Überleben und seine Fortpflanzung wichtig sein muss. Außerordentlich wichtig ist es für ein gerade zur Welt gekommenes Tier, dass es seine Mutter sofort eindeutig identifizieren kann. Andernfalls bestünde die Gefahr, zu früh von der Mutter getrennt zu werden und in der Folge bald das Leben zu verlieren. So lernen junge Gänse und Enten als **Nestflüchter** gleich nach der Geburt, wer ihre Mutter ist, und folgen ihr überallhin. Da die jungen Gänse das „Objekt" für eine bestimmte Handlung (das Nachlaufen) lernen, spricht man hier allgemein von einer **Objektprägung**.

Nestflüchter sind Tiere, die mit voll entwickelten Sinnes- und Bewegungsorganen geboren werden und daher in der Lage sind, den Geburtsort bzw. das Nest schon nach kurzer Zeit zu verlassen.

Nesthocker sind Tiere, die unvollkommen entwickelt zur Welt kommen und im „Nest" von den Eltern mehr oder weniger lang gepflegt werden.

Abb. 50: Beispiele für Nestflüchter (unten) bei Vögeln und Säugetieren: Kiebitz und Feldhase, bzw. für Nesthocker (oben): Wendehals und Kaninchen.

Unter **Objektprägung** versteht man einen Prägungsvorgang, durch den das **angeborene Verhalten an ein bestimmtes Objekt** gebunden wird.

In Bezug auf die Verhaltensweise nennt man diesen Prägungsvorgang speziell auch **Nachfolgeprägung**. Allerdings wird bei dieser Bezeichnung nicht deutlich, dass keine Verhaltensweise gelernt wird – die Nachfolgehandlung selbst ist angeborenermaßen vorhanden –, sondern lediglich das Objekt, auf das die Handlung (das Nachlaufen) dann angewandt wird! Da sich diese Bezeichnung jedoch eingebürgert hat, wird sie im Folgenden auch weiterhin verwendet.

Die Nachfolgeprägung

Besondere Verdienste bei der Erforschung des Prägungsvorgangs, vor allem der Nachfolgeprägung, hat sich der berühmte österreichische Verhaltensforscher Konrad Lorenz erworben, der auch den Begriff der „Prägung" einführte. Ihm gelang es, junge Gänse „auf sich" zu prägen, und so einige Sommer lang als „Gans unter den Gänsen" zu leben, wie Lorenz selbst seine jahrelangen Forschungsarbeiten mit Gänsen beschreibt. Diese Formulierung – Gänseküken „auf sich zu prägen" – ist im Grunde allerdings **fehlerhaft**, da die Küken nur in bestimmter Hinsicht auf ihn geprägt sind, nämlich im Hinblick auf die Nachfolgereaktion. Zudem wird ein Tier prinzipiell **nicht auf ein bestimmtes Individuum, sondern auf alle Lebewesen einer Art** als solche geprägt. Eine vermeintlich auf einen bestimmten Menschen geprägte Gans kann also ohne Weiteres von einem anderen Menschen „übernommen" werden. Erleichtert wird dies, wenn die neue Person zuvor einige Tage mit dem ursprünglichen Pfleger und dem Tier verbracht hat.
Erst durch einen **zusätzlichen Lernvorgang** kommt es zu einer **individuellen Bindung** an das Elterntier bzw. einen bestimmten Menschen. Dieser zusätzliche Lernvorgang verläuft unabhängig von der Prägung.

Was aber musste Lorenz nun beachten, damit die Gänseküken in ihrer Nachfolgereaktion auf den Menschen geprägt wurden? Er musste sich sich innerhalb einer bestimmten Zeit nach dem Schlüpfen in ihrer Nähe so verhalten, dass die Küken ihn aufgrund bestimmter Reize als Prägungsobjekt annahmen. Die entscheidenden Merkmale waren, dass Lorenz eine **bestimmte Größe hatte, sich bewegte und Laute von sich gab** – was, wie sich zeigte, auch ein beliebiger, nur entsprechend präparierter Gegenstand leisten konnte (etwa ein Fußball oder Holzkasten mit eingebautem Lautsprecher).

Es blieben allerdings noch etwas kompliziertere Fragen: Von welchem Zeitpunkt an und wie lange sind Küken überhaupt prägbar?

Mit diesen Fragen beschäftigte sich Ende der 50er-Jahre systematisch ein anderer Verhaltensforscher namens E. Hess. Er bediente sich hierzu einer speziellen Apparatur, die heute allgemein unter dem Namen **Prägungskarussell** bekannt ist (Abb. 51). Seine Versuchstiere waren Stockentenküken, die ebenso wie Gänse zur Gruppe der Entenvögel zählen.

Entenvögel haben einen etwa kopflangen Schnabel mit Hornlamellen sowie Schwimmfüße.

Abb. 51: Das Prägungskarussell besteht aus einer Laufbahn, der durch einen Motor bewegten Attrappe (mit Lautsprecher) und den Kontrollapparaturen im Vordergrund des Bildes.

Hess ließ Stockentenküken zunächst in einem dunklen Karton schlüpfen und hielt sie anschließend isoliert, bis er sie zwischen der 1. und 35. Stunde einzeln in das Prägungskarussell setzte. Im Prägungskarussell wurde eine **Stockerpelattrappe** über einen Motor langsam im Kreis bewegt, ein in die Attrappe eingebauter Lautsprecher gab zudem „go-go-go-go"-Laute von sich. Nachdem das Küken der Attrappe eine Stunde lang folgen durfte, wurde es wieder in den dunklen Karton zurückgesetzt. Anschließend führte Hess verschiedene Tests durch, die zeigen sollten, ob und wie nachhaltig die Erpelattrappe als Nachfolgeobjekt gelernt worden war:

- Das Küken wurde mit einer Männchen- und einer Weibchenattrappe in das Prägungskarussell gesetzt. Beide Attrappen gaben keine Laute von sich.
- Das Küken wurde wiederum mit einer Männchen- und einer Weibchenattrappe in das Prägungskarussell gesetzt. Diesmal lockte die Männchenattrappe mit den (künstlichen) „go-go-go-go"-Lauten, die Weibchenattrappe hingegen mit einem vom Tonband abgespielten natürlichen Lockruf.
- Beim nächsten Test rief nur die Weibchenattrappe, die Männchenattrappe blieb ruhig.
- Auch beim letzten Test waren beide Attrappen vorhanden, die Weibchenattrappe rief und wurde noch zusätzlich bewegt. Die Männchenattrappe blieb ruhig.

Ein Teil der Ergebnisse dieser Tests ist in den folgenden Kurven grafisch dargestellt (Abb. 52):

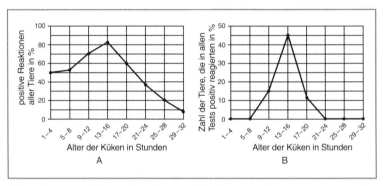

Abb. 52: Durchschnitt der positiven Antworten (das Zulaufen auf die Männchenattrappe) in Bezug zum Alter der Entenküken. Wenn das getestete Küken in allen Tests auf die Männchenattrappe zulief, galt die Prägung als 100 %ig.

Die Abbildung 52 A zeigt den Durchschnitt der „positiven" Reaktionen aller Tiere in Abhängigkeit vom Alter: beispielsweise liefen im Alter von der 25. bis zur 28. Stunde nach dem Schlüpfen die Küken in 20 % der Fälle auf die Männchenattrappe zu und zeigten so eine im Versuchssinne „positive" Antwort.

Die Abbildung 52 B zeigt den Prozentsatz der Tiere, die in allen vier Testsituationen auf die Männchenattrappe zuliefen, und zwar ebenfalls in Abhängigkeit vom Alter. Aus beiden Kurven wird deutlich, dass die Prägung am erfolgreichsten zwischen der 13. und 16. Stunde erfolgte. Den Zeitraum, in dem die Jungtiere überhaupt zu prägen sind, nennt man **sensible** oder auch **kritische Phase**. Eine Prägung der Entenkü-

sensible Phase: Zeitraum, in dem ein Tier für bestimmte Umweltreize besonders empfänglich ist und eine Prägung erfolgen kann.

Fehlprägung: Prägung auf ein anderes als das natürliche Prägungsobjekt.

Brutpflege: Alle elterlichen Handlungen, die dem Schutz und der Entwicklung der Nachkommen bis zum Selbstständigwerden dienen, und zwar nach dem Erscheinen der Eier bzw. dem Absetzen der Jungen.

Balz → vgl. S. 23

Klaus Immelmann (1935–1987): deutscher Verhaltensbiologe

ken zu einer anderen Zeit als in dieser Phase ist nicht möglich. Entsprechend geprägte, also etwa auf Menschen **fehlgeprägte** Tiere, hätten daher im Nachhinein nicht mehr durch den Kontakt mit ihrem eigentlichen Muttertier oder anderen Artgenossen **umgeprägt** werden können, was sonst innerhalb der sensiblen Phase teilweise möglich ist.

Bei der **Nachfolgeprägung** lernen die frisch geschlüpften Jungtiere von Nestflüchtern innerhalb einer kurzen Phase ihres Lebens die Erkennungsmerkmale ihrer Mutter (oder des brutpflegenden Vaters) kennen. Nach dieser sensiblen Phase ist eine Umprägung in der Regel nicht mehr möglich.

Die sexuelle Prägung

Wie schon angesprochen, findet im Falle der Objektprägung keine Gesamtprägung des Verhaltens eines Tieres statt. Die in ihrem Nachfolgeverhalten von Lorenz auf den Menschen geprägten Gänseküken waren daher auch ohne Weiteres in der Lage, sich später mit ihresgleichen zu paaren.

Allerdings gibt es auch den Fall, dass Tiere bereits in früher Jugend, also lange vor ihrer Geschlechtsreife, auf ihre arteigenen Geschlechtspartner geprägt werden (müssen), da sie diese später sonst nicht als solche erkennen. Für den Prägungsvorgang reicht es in diesem Falle aus, dass die Jungtiere innerhalb der sensiblen Phase Kontakt zu den Elterntieren haben. Auch bei der sexuellen Prägung handelt es sich um eine Form der Objektprägung, weil lediglich das „Objekt" der sexuellen Handlungen, nicht jedoch etwa das Balzverhalten gelernt wird.

Klaus Immelmann stellte zur Untersuchung der sexuellen Prägung eine Vielzahl von Versuchen mit jungen Zebrafinken an. In einem seiner Versuche wurde ein Zebrafinkenmännchen allein von Menschenhand und ohne jeglichen Kontakt zu anderen Tieren aufgezogen. Im Erwachsenenalter zeigte sich die sexuelle Fehlprägung dann darin, dass das Männchen bei gleichzeitiger Anwesenheit eines Weibchens vorzugsweise die Hand seines Pflegers anbalzte.

Abb. 53: Sexuelle Fehlprägung. Ein vom Menschen aufgezogenes Zebrafinkenmännchen balzt die Hand seines Pflegers an.

Verhalten ist erlernt

Präferenz: Bevorzugung

In einem anderen Prägungsversuch ließ man ein Zebrafinkenjunges nach dem Schlüpfen von einer anderen Vogelart aufziehen: Die Folge war, dass dieses Männchen später die artfremden Weibchen anbalzte. Spätere Versuche ergaben, dass bei mindestens 25 anderen Vogelarten die sexuellen Präferenzen ebenfalls über Prägungsvorgänge bestimmt werden – eine Reihe von Vögeln können ihre **artgerechten Geschlechtspartner** also **nicht angeborenermaßen** erkennen.
Erst die Wahrnehmung der in der Jugend geprägten Merkmale löst nach der Geschlechtsreife das Werbe- und sonstige Sexualverhalten aus. Angesichts der bei Gänsen und Zebrafinken beschriebenen Fehlprägungen mag einem der Vorgang der Prägung für einen lebenswichtigen Lernvorgang insgesamt viel zu riskant erscheinen. Doch kommen in der Natur praktisch keine Fehlprägungen vor. Ein genetisches Programm, das in etwa vorgibt: „Folge dem, mit dem du nach dem Schlüpfen zusammen bist!", reicht völlig aus. Sollte das Muttertier beim Schlüpfen bzw. kurz danach nicht zugegen sein, dürfte es um das Überleben des Jungtieres ohnehin schlecht bestellt sein, sodass eine eventuelle Fehlprägung kaum eine Bedeutung hätte.
Vergleicht man die beiden Formen der Objektprägung – Nachfolgeprägung und sexuelle Prägung – miteinander, fällt vor allem ein Unterschied ins Auge: Während das Nachfolgeverhalten unmittelbar auf die sensible Phase gezeigt wird, liegt bei der sexuellen Prägung zwischen der sensiblen Phase und dem gezeigten Verhalten eine relativ große Zeitspanne – sie kann je nach Tierart Monate oder sogar Jahre betragen.

> Bei der **sexuellen Prägung** werden die **Merkmale** gelernt, die für das spätere **Erkennen des Sexualpartners** wichtig sind. Zwischen der sensiblen Phase und dem zu zeigenden Verhalten liegt eine relativ große Zeitspanne (Monate bis Jahre).

Die motorische Prägung

Eine andere Form der Prägung neben der Objektprägung ist die so genannte **motorische Prägung**. Dabei kann der Ablauf von Bewegungen bzw. von Bewegungsmustern dauerhaft festgelegt werden. Das bekannteste Beispiel ist die **Gesangsprägung** bei Singvögeln (Abb. 54). Versuche mit Buchfinkenmännchen, die isoliert aufgezogen wurden, zeigen, dass diese zwar bestimmte Grundstrukturen für die Bildung der Einzellaute angeborenermaßen beherrschen, nicht jedoch die für den Buchfinkengesang charakteristische Unterteilung in vier Strophen. Ein weiteres Beispiel für einen **motorischen Prägungsvorgang** ist das Erlernen des Tötungsbisses bei Hauskatzen: Hauskatzen lernen zwischen der 6. und 20. Lebenswoche unter Aufsicht ihrer Mutter, ihren Biss genau auf den Nacken der Beute auszurichten und dann mit der nötigen Stärke zuzubeißen.

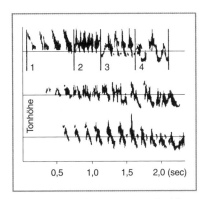

Abb. 54: Klangspektrogramme von Buchfinken. Oben: Die vierteilige Strophe des normalen Gesangs. Mitte: der Gesang eines Buchfinken, der nur bis zum Herbst des ersten Lebensjahres den normalen Buchfinkengesang zu hören bekam (als er selbst noch nicht sang). Die Strophe ist wenig untergliedert. Unten: Der Gesang eines Buchfinken, der akustisch isoliert aufgezogen wurde. Es fehlt die typische Unterteilung in 4 Strophen.

Grenzen von Prägungsversuchen

Abschließend muss auf Grenzen von Prägungsversuchen hingewiesen werden: Während sich viele Tiere zwar fehlprägen lassen, ist es in der Regel doch so, dass die Prägung zumindest schneller und leichter vonstatten geht, wenn das Tier dem **natürlichen** Reiz ausgesetzt wird. Die Phase der sexuellen Prägung bei Zebrafinken, die von ihren natürlichen Eltern aufgezogen werden, endet bereits zwischen dem 15. und 20. Lebenstag. Bei Zebrafinken, die von fremden Eltern, wie z. B. Japanischen Mövchen, aufgezogen wurden, sind dagegen Umprägungen häufig bis zum 40. Lebenstag und teilweise sogar bis in den 3. Lebensmonat hinein möglich. Offenbar bestehen also Lerndispositionen für arteigene Merkmale, die eine Prägung auf artfremde Tiere oder Objekte sichtlich erschweren – oder auch gänzlich verhindern.

Lerndisposition
→ vgl. S. 8

2.3 Prägungsähnliche Lernvorgänge

Lorenz' Ergebnisse zur Prägung führten dazu, dass eine Vielzahl von Tieren auf ihre Prägbarkeit hin untersucht wurden. Man fand bald heraus, dass sich die Nachfolgeprägung vor allem bei Tieren finden lässt, bei denen sich die Jungen früh vom Ort ihrer Geburt fortbewegen (so genannte **Nestflüchter**). Bei ihnen sind Augen, Ohren, Behaarung und Beine bei der Geburt bereits voll entwickelt. Dies ist wichtig, damit die Jungen ihre Eltern nicht zu einem Zeitpunkt verlieren, zu dem sie allein noch nicht überleben könnten.

Nestflüchter → vgl. S. 61

Die Jungen vieler Tierarten inklusive des Menschen sind im Vergleich zu Entenküken noch lange Zeit nach ihrer Geburt unbeholfen und zählen zu den **Nesthockern**. Man sollte daher bei ihnen keine Prägungsvorgänge erwarten. Bei ihnen finden sich jedoch innerhalb der ersten Lebensmonate **prägungsähnliche Lernvorgänge**. Diese Lernvorgänge weisen große Ähnlichkeiten zur Prägung auf, zeigen aber entweder **nicht alle typischen Merkmale** oder sind – wie beim Menschen – bislang **nicht ausreichend erforscht**. Von besonderem Interesse für die Forscher ist die Entstehung der **Mutter-Kind-Bindung** bei Tier und Mensch. Diese Bindung dient offensichtlich u. a. als Basis für die Ausbildung weiterer Sozialkontakte. Besitzt ein Kind in den ersten Lebensmonaten keine Bezugsperson, hat es meist lebenslang Probleme, mit anderen Menschen Beziehungen einzugehen.

Nesthocker → vgl. S. 61

Die frühkindliche Bindung ist – und darin besteht eine Ähnlichkeit zur Prägung – nicht einfach durch spätere Erfahrungen abzuändern oder gar gänzlich auszuheben. Kinder, die als Säugling und Kleinkind bei ihren Großeltern aufwuchsen, später dann zu ihren leiblichen Eltern kamen, sehen vielfach die Großmutter und den Großvater als ihre eigentlichen Eltern. Im Unterschied zur Prägung kommt die Mutter-Kind-Bindung aber weder sehr schnell zustande, noch ist das Ergebnis unwiderruflich. So sind Menschen mit bestimmten Persönlichkeitsstrukturen auch nach der frühkindlichen Phase noch in der Lage, tiefere Bindungen einzugehen. Eine sensible Phase im eigentlichen Sinn liegt also nicht vor.

Mutter-Kind-Bindung: Harlows Versuche mit Rhesusaffen

*Der amerikanische Psychologe **Henry Harlow** experimentierte in den 50er- und 60er-Jahren mit Rhesusaffen.*
Attrappen → vgl. S. 13

Henry Harlow wollte wissen, wie oft Rhesusäffchen Kontakt zu bestimmten Mutterattrappen herstellen und bei ihnen Schutz suchen würden. Dazu setzte er Rhesusäffchen wenige Stunden nach ihrer Geburt in einen Wohnkäfig mit zwei unterschiedlich gestalteten Mutterattrappen. Die eine Mutterattrappe bestand aus einem mit Schaumstoff und einem Handtuch bezogenen Holzrahmen und spendete keine Milch.

Die zweite Mutterattrappe war der ersten in Form und Größe ähnlich, bestand jedoch lediglich aus Draht, im Gegensatz zur ersten Attrappe war an dieser eine Milchflasche angebracht (Abb. 55).

Harlow beobachtete nun, wie oft die Äffchen sich bei einer der Mutterattrappen aufhielten bzw. wie weit sie sich von ihnen entfernten. Das Ergebnis war eindeutig: Die Äffchen verbrachten den größten Teil ihrer Zeit in engem Kontakt mit der „Stoffmutter", obwohl sie von ihrer „Drahtmutter" Nahrung erhielten.

Abb. 55: Draht- und Stoffmutterattrappe. Nur an der „Drahtmutter" ist eine Flasche mit Milch angebracht.

Um die Anhänglichkeit gegenüber den Mutterattrappen noch auf andere Weise zu überprüfen, gab Harlow einen Furcht auslösenden Reiz in Gestalt eines kleinen trommelnden Spielzeugbärs in den Käfig. Die Äffchen liefen im Allgemeinen schnurstracks zu ihrer „Handtuchmutter". Es war für die Äffchen in dieser Situation also wichtiger, dass die Attrappe eine weiche Beschaffenheit hatte, als dass sie von ihr Nahrung erhielten. Es scheint demnach generell so zu sein, dass die Äffchen ein großes Bedürfnis nach (körperlichem) Kontakt zu ihrer Mutter haben. Dieses Bedürfnis scheinen vor allem die Stoffmütter zu befriedigen, die durch ihre weiche Beschaffenheit ein Gefühl der Sicherheit und Geborgenheit vermitteln.

Harlow hatte nicht zuletzt aus den Ergebnissen seiner Versuche gefolgert, es sei möglich, mithilfe bestimmter Reize eine **ideale Ersatzmutter** zu konstruieren. Er entwarf daher eine Stoffattrappe, die auch Milch gab. Bot Harlow den Äffchen diese „ideale" Ersatzmutter und eine Drahtattrappe an, wurde letztere kaum noch beachtet. Er musste später jedoch feststellen, dass auch die mit dieser Mutterattrappe aufgewachsenen Äffchen beträchtliche Verhaltensstörungen zeigten: Sie umarmten sich häufiger selbst, zuckten und schaukelten periodisch. Einige saßen teilnahmslos, zusammengekauert da und starrten ins Leere, andere liefen stereotyp hin und her. Setzte man sie nach zwei Jahren mit gleichaltrigen Artgenossen zusammen, beachteten sie diese nicht. Sie spielten nicht mit den anderen, verteidigten sich bei Angriffen nicht und paarten sich nicht – sie waren typische Außenseiter.

Die wenigen Affenweibchen, die mit raffinierten Arrangements zur Paarung animiert oder die künstlich befruchtet worden waren, erwiesen sich selbst zumeist als als grobe, lieblose „Rabenmütter": sie bissen ihren Kindern Finger oder Zehen ab, schlugen sie – und hätten sie möglicherweise getötet, wenn der Tierwärter nicht eingegriffen hätte. Nur fünf von insgesamt 20 künstlich befruchteten Müttern zeigten ein annähernd normales Verhalten gegenüber ihren Kindern.

Harlow folgerte aus den Ergebnissen seiner Versuche, dass das **echte Bemuttern** nicht nur als Quelle sozialer Sicherheit wichtig ist, sondern auch die soziale Entwicklung der jungen Affen erst in Gang setzt und damit für eine normale soziale Entwicklung unerlässlich ist.

Die Mutter-Kind-Beziehung beim Menschen

Ähnliche Beobachtungen wie an Rhesusaffen machten Forscher auch an Menschenbabys, die keine Bezugsperson hatten. Solche Kinder zeigten eine Reihe typischer Verhaltensweisen: starkes Daumenlutschen, Kauen auf den Fingernägeln, Hin- und Herrollen des Kopfes in Rückenlage.

Da in einer kritischen Phase der Entwicklung wichtige Umweltreize entzogen wurden, spricht man bei diesen Verhaltensweisen von Entzugssymptomen bzw. von einem **Deprivationssyndrom** (Abb. 56). In den 40er-Jahren stellte man fest, dass Waisenhauskinder, deren Pflegerinnen ständig wechselten, mit der Zeit unansprechbar und depressiv wurden, – einige von ihnen starben sogar.

Deprivationssyndrom: Verschiedene Verhaltensstörungen, die durch den Entzug von Umweltreizen und sozialen Kontakten (besonders das Fehlen einer Bezugsperson) in einer frühen Lebensphase bedingt sind.

Hospitalismus: Deprivationssyndrom, das sich bei Säuglingen und Kleinkindern zeigt, die durch Krankenhaus- und Heimaufenthalte längere Zeit ohne Bezugsperson sind.

Da die Entzugssymptome vielfach an Kindern im Krankenhaus beobachtet wurden – die dort keine Bezugsperson hatten – spricht man oft auch von **Hospitalismus**.

Die kritische Phase, in der bei Menschen eine entsprechende Bindung ausgebildet werden muss, beginnt in den ersten Lebensmonaten und dauert bis zum Ende des zweiten Lebensjahres. Verstreicht diese Zeit, ohne dass eine Bindung aufgebaut wird, ist dieser Mangel nur mit einem vergleichsweise hohen Aufwand an Zeit und Fürsorge nachzuholen.

Abb. 56: Kind mit so genanntem „Deprivationsschaden" nach Trennung von der Mutter zwischen dem 6. und 8. Lebensmonat.

3 Arten des Lernens

3.1 Klassische Konditionierung: Wenn das Wasser im Mund zusammenläuft ...

Der russische Physiologe **Iwan Pawlow** (1849–1936) beschäftigte sich Ende des 19. Jahrhunderts ausgiebig mit den physiologischen Zusammenhängen beim Speichelfluss und mit der Verdauung bei Hunden. 1904 erhielt er den Nobelpreis für Medizin.

Der **unbedingte Reflex** wird streng abgekürzt auch als UCR *unconditioned response* und der unbedingte Reiz als UCS *unconditioned stimulus* bezeichnet.

Bei der **Speichelabsonderung** handelt es sich streng genommen nicht um einen Reflex, da die Reaktion vom Sättigungsgrad des Tieres abhängt. Aus historischen Gründen wird der Begriff im Folgenden trotzdem beibehalten.
→ vgl. S. 19

Bei physiologischen Untersuchungen war Iwan Pawlow zufällig aufgefallen, dass sich bei hungrigen Hunden der Speichelfluss geradezu automatisch durch die Präsentation von Nahrung auslösen lässt – Hunden also sprichwörtlich beim Anblick des Futters „das Wasser im Mund zusammenläuft". Pawlow nannte die so ausgelöste Reaktion (Speichelfluss) **unbedingter Reflex** und den die Reaktion auslösenden Reiz entsprechend **unbedingter Reiz**. Diese und andere Beobachtungen brachten Pawlow dazu, sein ursprüngliches Forschungsinteresse zu verlagern und sich fortan verstärkt mit Lernprozessen bei Hunden zu beschäftigen. Pawlow wollte nun wissen, ob ein Hund auch erlernen konnte, dieselbe „automatische" Reaktion auf einen ursprünglich neutralen Reiz zu zeigen.

Pawlow stellte einen hungrigen Hund in eine Apparatur, in der er sich nur sehr eingeschränkt bewegen konnte und gezwungen war, immer geradeaus zu gucken (Abb. 57); außerdem wurde der Raum schalldicht isoliert – denn nichts sonst sollte auf den Hund einwirken können als die experimentell gegebenen Reize.

 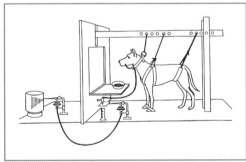

Abb. 57: Iwan Pawlow und seine Versuchsapparatur zur Untersuchung von Lernprozessen bei Hunden.

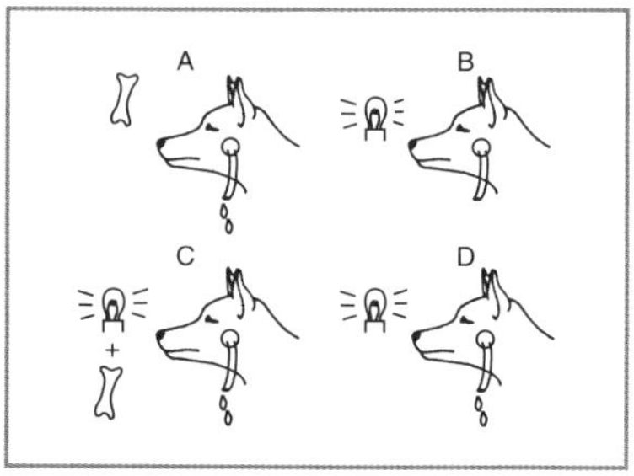

Seitlich unter dem Maul wurde ein Abfluss für den Speichel angebracht, der in einen Auffangbehälter abgeleitet und mittels eines Messgerätes in seiner Menge genau erfasst wurde (Abb. 58 A).
Etwa eine halbe Sekunde vor der Präsentation des Futters ließ Pawlow eine Lampe aufleuchten – er kündigte so durch einen neutralen Reiz die Futtergabe an (Abb. 58 C). Nach einiger Zeit änderte sich das Verhalten des Hundes auf den gegebenen neutralen Reiz: Der Hund reagierte auch allein auf das Lichtsignal mit Speichelabsonderung (Abb. 58 D). Und: Je häufiger zuvor das Lichtsignal mit dem Originalreiz (dem Futter) gekoppelt worden war, um so größer war die vom Hund abgesonderte Speichelmenge. Der Hund hatte also **gelernt, das Lichtsignal mit dem Originalreiz zu assoziieren**. Der ursprünglich neutrale Reiz wurde selbst zum auslösenden Reiz. Pawlow nannte diesen Reiz nun **konditionierter** bzw. **bedingter Reiz**, die Reaktion hierauf **konditionierter** bzw. **bedingter Reflex**.

Abb. 58: Der Pawlow'sche Versuch: (A) Die Präsentation von Futter (des Originalreizes) löst die Speichelabsonderung aus. (B) Ein neutraler Reiz (Lichtsignal) führt keinen Speichelfluss herbei. (C) Werden neutraler Reiz und Originalreiz mehrere Male kurz nacheinander dargeboten, bewirkt der neutrale Reiz auch allein den Speichelfluss (D).

Pawlow hatte mit seinen Versuchen gezeigt, dass Hunde einen **Reflex** nicht nur angeborenermaßen zeigen, sondern auch **erlernen** können, diesen auf einen zuvor neutralen Reiz zu zeigen.

Kann man im Nachhinein überhaupt entscheiden, ob ein Reflex unbedingt oder bedingt ist? Im Gegensatz zum unbedingten Reflex müssen dem Tier immer wieder unbedingter und „zu bedingender Reiz" zusammen dargeboten werden (genauer: der noch neutrale Reiz am besten **kurz vor** dem Originalreiz), andernfalls wird die Reaktion auf den bedingten Reiz immer schwächer – bis die Reaktion schließlich ganz ausbleibt. In der Fachsprache nennt man dieses Aufheben des bedingten Reflexes „Auslöschen" oder **Extinktion**. Wichtig ist: Diese Extinktion tritt nicht einfach auf, weil der konditionierte Reiz längere Zeit nicht gegeben wurde. Entscheidend ist, dass der konditionierte Reiz mehrfach allein präsentiert wird (es handelt sich hier also nicht um ein Vergessen!).

Pawlow nannte den Vorgang, durch den der neutrale Reiz beim Hund den Reflex auslöste, Konditionierung, heute ist dieser Lernvorgang als **klassische Konditionierung** bekannt.

---

assoziieren: verknüpfen – die klassische Konditionierung wird aus diesem Grunde oft auch als **Assoziationslernen** bezeichnet.

Der **bedingte Reiz** wird auch als CS *conditioned stimulus* und der bedingte Reflex als CR *conditioned response* bezeichnet.

Extinktion: „Auslöschung" des bedingten Reflexes.

Verhalten ist erlernt

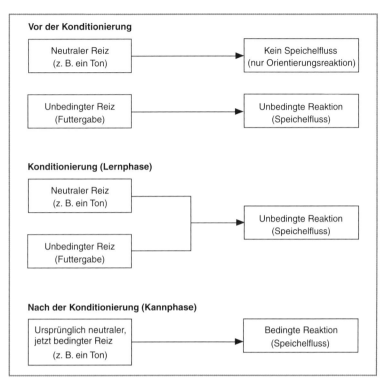

Abb. 59: Schaubild zu den Zusammenhängen bei der klassischen Konditionierung.

Kontiguität bedeutet die zeitliche Nähe von neutralem und unbedingtem Reiz.

Unter **klassischer Konditionierung** versteht man die Erzeugung eines bedingten Reflexes bzw. einer bedingten Reaktion. Die **enge zeitliche Darbietung** von ursprünglich neutralem und unbedingtem Reiz wird als **Kontiguität** bezeichnet – sie ist eine notwendige Voraussetzung für das Gelingen des Lernvorgangs.

Lidschlagreflex
→ vgl. S. 74

Später fand man heraus, dass die Konditionierung mit vielen anderen neutralen Reizen und einer großen Zahl angeborener Reflexe funktioniert. Beispiele hierfür finden sich auch beim Menschen. So kann der Lidschlagreflex experimentell auch durch ein Pfeifsignal ausgelöst werden. Und auch Reaktionen wie **Schmerz-** und **Schreckreaktionen** sind relativ leicht konditionierbar: Wird man ein- oder mehrmals von einem Hund gebissen, wird man anschließend bereits bei dem Anblick dieses Tieres erschrecken. Es muss aber einschränkend angemerkt werden, dass sich einige bekannte Reflexe, wie der Kniesehnenreflex, nicht für klassische Konditionierungen eignen.

Der Lidschlagreflex beim Menschen: Ein Beispiel für einen Schutzreflex

Im Experiment wird eine feine Düse nahe am Auge einer Versuchsperson befestigt. Ein plötzlicher Luftstoß aus dieser Düse lässt die Versuchsperson unwillkürlich die Augen schließen. Der Luftstoß ist ein unbedingter Reiz, die Reaktion ein unbedingter Reflex. Der Lidschluss erfolgt normalerweise nicht auf ein Pfeifsignal hin. Ertönt aber der Pfiff direkt vor dem Luftstoß, so genügen ca. 50 Verknüpfungen von Luftstoß und Pfeifton, bis der Pfiff allein den Lidschlag auslöst (vgl. Abb. 59).

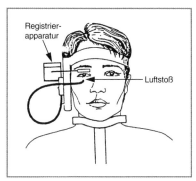

Abb. 60: Versuchsanordnung bei der Konditionierung des Lidschlagreflexes auf einen ursprünglich neutralen Reiz (z. B. ein Pfeifton).

Bei einem Reflex wie dem Lidschlagreflex liegt es nahe, einmal prinzipiell über den Sinn eines solchen Lernvorgangs nachzudenken: Welchen biologischen Sinn könnte es haben, bereits auf die Ankündigung des eigentlichen Reizes zu reagieren? Reflexe wie der Hustenreflex, das Zurückziehen eines Körperteils bei Berührung eines heißen Gegenstands oder das blitzartige Schließen des Auges bei Reizung der Hornhaut durch einen Windzug bewahren den Körper unmittelbar vor Verletzungen.

Es macht in biologischer Hinsicht also Sinn, dass der zu konditionierende Reiz unmittelbar vor dem Originalreiz präsentiert werden muss. Die Frage nach dem biologischen Sinn erklärt auch, weshalb ein bedingter Reflex nicht dauerhaft erhalten bleibt, wenn er allein auftritt – eine solche Reaktion wäre für ein Lebewesen schlicht nutzlos.

Reizgeneralisierung

Wenn eine Verhaltensweise auf klassische Weise konditioniert wurde, kann es vorkommen, dass **ähnliche Reize die gleiche Reaktion auslösen**. Wurde ein Hund z. B. so konditioniert, dass er auf einen Ton der Frequenz 450 Hertz hin speichelt, wird der Hund dies auch bei einem Ton der Frequenz 400 oder 500 Hertz tun. Weicht die Frequenz jedoch stärker ab, wird die Reaktion geringer ausfallen und schließlich ganz ausbleiben (Abb. 61).

Hertz: Maßeinheit für die Zahl der Schwingungen pro Sekunde.

Das Phänomen der **Reizgeneralisierung** („Ausdehnung der Reaktion auf ähnliche Reize") ist uns auch aus dem Alltag gut bekannt. Wurde man von einem Hund gebissen, zeigt man oft auch bei harmlosen, kleineren Hunden eine Angstreaktion. Gerade bei diesem Beispiel wird die Schutzfunktion der Reizgeneralisation deutlich: Ähnlich gefährliche Tiere werden fast automatisch gemieden.

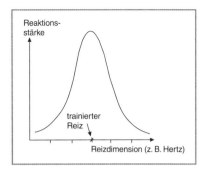

Abb. 61: Reizgeneralisierung: Wurde eine Reaktion auf einen bestimmten Reiz hin konditioniert, lösen ähnliche Reize ebenfalls die Reaktion aus.

Klassisches Experiment zur Reizgeneralisierung: Der kleine Albert

Amerikanische Psychologen führten 1920 ein Experiment mit einem neun Monate alten Jungen namens Albert („little Albert") durch, bei dem sie den ursprünglich **neutralen Reiz**, eine weiße Stoffratte, mehrfach mit dem **unbedingten Reiz**, lautes Schlagen eines Hammers auf eine Stahlstange, koppelten. Die Stoffratte wurde so zum **bedingten (konditionierten) Reiz** und löste allein die Angstreaktion (Zusammenschrecken, lautes Weinen) aus.

Albert erlernte die Angstreaktion in lediglich sieben Konditionierungsdurchgängen. Im weiteren Verlauf des Experiments zeigte sich, dass sich die Angst auf ähnlich „wuschelige", pelzartige Objekte wie Kaninchen, einen Pelzmantel und einen Weihnachtsmannbart übertrug („generalisierte"). Keine Angst hatte Albert

Abb. 62: Durch klassische Konditionierung entwickelte der kleine Albert eine Angstreaktion vor einer weißen Stoffratte.

dagegen vor Bauklötzen oder anderen nicht pelzartigen Objekten. Mit diesem Versuch wurde zum einen bewiesen, dass eine Angstreaktion konditionierbar ist, zum anderen, dass diese Angstreaktion auf andere Reizquellen übertragen werden kann. Da die Mutter den kleinen Albert wieder mitnahm, bevor die Wissenschaftler die Angstreaktion auslöschen konnten, weiß man nicht, was aus dem kleinen Albert geworden ist und ob er seine Angst jemals wieder verloren hat. Dieses Experiment ist – was nicht wundern wird – weithin kritisiert worden.

3.2 Operante Konditionierung: Lernen anhand von Konsequenzen

Zum theoretischen Hintergrund: Der Behaviorismus

Anfang des 20. Jahrhunderts begründete der amerikanische Psychologe **John Broadus Watson** (1878–1958) den **Behaviorismus** und führte zusammen mit Rosalind Rayner die beschriebenen Experimente mit dem kleinen Albert durch.

Der amerikanische Psychologe John Watson formulierte recht radikal, dass man zur Erklärung tierischer (und menschlicher) Verhaltensweisen nur das heranziehen könne, was **von außen beobachtbar** und **messbar** ist. Mutmaßungen über die Psyche, besonders in Form einer Selbstbeobachtung, lehnte er als wissenschaftliche Methode strikt ab. Watson reagierte damit auf einen zeitgenössischen Trend in der psychologischen Forschung, die sich aus seiner Sicht in einer Fülle von spekulativen Fragen verstrickt hatte.

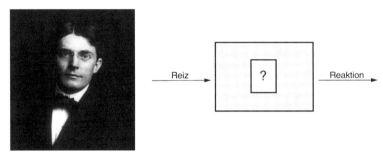

Black-Box-Modell: Es werden nur die Beziehungen zwischen einwirkenden Reizen und dem beobachtbaren Verhalten erfasst.

Abb. 63: John Broadus Watson im Jahre 1924 und das von ihm entwickelte Black-Box-Modell: Nur die Eingänge (Reiz) und Ausgänge (Reaktion) sind beobachtbar.

Durch seine methodische Herangehensweise schloss Watson Ursachen, die im handelnden Organismus selbst liegen könnten, fast vollkommen aus. Watson nahm an, dass prinzipiell allein die **Umwelt das Verhalten der Lebewesen forme**, indem diese ganz bestimmte Verhaltensweisen verstärke und andere wiederum nicht. Angeborene Verhaltensweisen leugnete er weitestgehend. Für ihn war **jedes Lebewesen** – und in erster Linie der Mensch – bei seiner **Geburt ein fast „unbeschriebenes Blatt"**. Vor diesem Hintergrund spielten Überlegungen zur Evolution der Lebewesen bei den Behavioristen praktisch keine Rolle.

Konsequenterweise betrachteten die Behavioristen den lebenden Organismus als eine **Black-Box**, als eine Art „schwarze Schachtel", in die man nicht hineinsehen und über deren Innenleben man nichts aussagen kann (Abb. 63). Was man aber exakt sagen kann, ist, was an Reizen hineingeht und was an Reaktionen herauskommt. Diese Sichtweise auf lebende Organismen ist allgemein unter dem Begriff **Black-Box-Modell** bekannt geworden und findet heute noch vielfach Anwen-

Verhalten ist erlernt

dung. Auf der Basis dieser Modellvorstellung wollten die Behavioristen **Gesetzmäßigkeiten des Verhaltens** herausfinden: Wenn „jener Reiz" einwirkt, reagiert der Organismus mit „der und der Verhaltensweise". Besonderes Augenmerk richteten die Behavoristen auf die **operante Konditionierung**, die ihnen ermöglichte, Tieren die erstaunlichsten Verhaltensweisen abzuringen.

> Unter **operanter Konditionierung** versteht man einen Lernvorgang, bei dem ein bestimmtes Verhalten durch ein nachfolgendes Ereignis verstärkt und so häufiger gezeigt wird.

Lernen durch positive Verstärkung

Burrhus F. Skinner (1904–1990): Amerikanischer Psychologe und Behaviorist.

Skinner-Box: Von Skinner entwickelte Versuchsanlage zur automatischen operanten Konditionierung von Versuchstieren. Durch die reduzierte Umwelt in der Skinner-Box werden dem Tier nur sehr wenig Handlungsmöglichkeiten gelassen.

Die Behavioristen entwarfen entsprechend ihren Vorstellungen recht ausgeklügelte Experimente. Besonders bekannt geworden sind die Versuche mit der **Skinner-Box** (Abb. 64).

Bei der Skinner-Box handelt es sich um eine würfelartige Versuchskammer mit Ausmaßen von ca. 30 mal 30 cm, die vorzugsweise für Ratten, Mäuse und Tauben konstruiert wurde. An einer Wand ist ein Hebelschalter angebracht, auf dessen Betätigung hin ein elektrisch gesteuerter Geber Futter in ein entsprechendes Gefäß freigibt. Das Besondere der Skinner-Box besteht darin, dass Ergebnisse ohne einen Versuchsleiter objektiv über einen Zähler erfasst werden können – auch eine ungewollte Manipulation der Ergebnisse kann also ausgeschlossen werden.

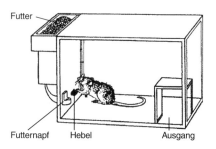

Abb. 64: Burrhus F. Skinner mit einigen seiner Versuchstiere und der von ihm entwickelten Skinner-Box.

Setzt man eine hungrige Ratte in die Skinner-Box, so wird sie ihre Umgebung erkunden und irgendwann auch den angebrachten Hebel – rein zufällig – betätigen und hierfür mit einer Futtergabe belohnt werden. Nach einigen weiteren mehr oder weniger zufälligen Betätigungen des Hebels und anschließenden Belohnungen wird die Ratte den Zusammenhang zwischen beidem erkennen und den Hebel regelmäßig drücken, wenn sie Hunger verspürt.

Das Hebeldrücken ist durch die anschließende Futtergabe also „verstärkt" worden.

Erfolgt auf ein **ursprünglich spontan** gezeigtes Verhalten direkt im Anschluss eine **Belohnung** (ein positiver Verstärker), wird das betreffende Lebewesen dieses Verhalten (bei wiederholten Belohnungen) häufiger zeigen. Diese Form des Lernens bezeichnet man als **Lernen am Erfolg**.

Skinner schloss aus den Versuchen, dass prinzipiell jedes gewünschte Verhalten durch positive Verstärkung konditioniert werden könnte, und zwar auch komplexere Verhaltensweisen. Seine Versuche und die anderer Wissenschaftler brachten in dieser Hinsicht in der Tat erstaunliche Ergebnisse zutage.

In der pharmazeutischen Industrie in den USA gelang es, Tauben am Fließband fehlerhafte Pillen aussortieren zu lassen, und das mit einer Trefferquote von erstaunlichen 99 %. Während des 2. Weltkriegs gelang es Skinner mithilfe einer recht einfachen Apparatur sogar, Tauben darauf zu trainieren, Raketen zielgenau auf feindliche Schiffe zu lenken! Mithilfe der operanten Konditionierung können Tieren also entschieden mehr und komplexere Verhaltensweisen andressiert werden als mit der klassischen Konditionierung – da es hier nicht der Kopplung an einen angeborenen Reflex bedarf und **neue** Verhaltensweisen erlernt werden können.

Lernen durch negative Verstärkung

Ähnlich wie beim Lernen durch positive Verstärkung wird bei dieser Form der operanten Konditionierung eine bestimmte Verhaltensweise durch einen Verstärker bekräftigt. Allerdings handelt es sich hier um einen negativen Verstärker. Die Bezeichnung „**negativ**" meint, dass durch ein bestimmtes Verhalten **eine negative Folge**, ein aversiver Reiz, **gemieden** wird: Wenn in einem Käfig der Bodenrost regelmäßig unter Strom gesetzt wird, ein Hebel aber diesen Strom abstellt, wird eine Ratte vermutlich schnell lernen, bei Strom den Hebel zu drücken. Der elektrische Strom wirkt als negativer Verstärker für das Drücken des Hebels.

aversiver Reiz: Ein vom Individuum als unangenehm empfundener Reiz.

Unter **Lernen durch negative Verstärkung** versteht man eine Form der operanten Konditionierung, bei der eine Verhaltensweise gelernt wird, um einen aversiven Reiz zu vermeiden.

Die Abgrenzung der negativen Verstärkung zur **Bestrafung** erfolgt im Hinblick auf die unterschiedliche Wirkung: Bei einer Bestrafung wird eine Verhaltensweise unterdrückt. Während bei einer Verstärkung (positiv oder negativ) eine Verhaltensweise häufiger auftritt, erreicht man mittels einer Bestrafung das Gegenteil: Durch einen aversiven Reiz wird die Auftretenswahrscheinlichkeit einer Verhaltensweise gemindert. Wenn eine Ratte auf einem elektrifizierbaren Bodenrost steht und jedes Mal, wenn sie den Hebel betätigt, einen elektrischen Schlag bekommt, wird sie zukünftig das Betätigen des Hebels vermeiden.

Die **Bestrafung** ist ein Lernvorgang, bei dem auf ein bestimmtes Verhalten ein aversiver Reiz folgt, der die Auftretenswahrscheinlichkeit dieses Verhaltens senkt.

Die Technik der stufenweisen Annäherung (Shaping)
Bei der Konditionierung komplizierterer Verhaltensweisen, die nicht zum normalen Verhaltensrepertoire eines Tieres gehören, bedarf es einer bestimmten Technik. Während man bei einem Versuchstier in der Skinner-Box erwarten kann, dass es in der recht kargen Umgebung beim Erkunden irgendwann zufällig den gewünschten Hebel drückt, dürfte man bei dem folgenden „Programm" wohl eher erwarten, dass das Versuchstier an Altersschwäche stirbt, ehe es die gewünschte operante Verhaltensweise zufällig zeigt: Um eine Futterbelohnung zu erhalten, musste eine Ratte eine Wendeltreppe hinaufklettern, eine schmale Zugbrücke überqueren, dann eine Leiter hinabklettern, ein Spielzeugauto an einer Kette zu sich heranziehen, in das Auto einsteigen, mit dem Auto zu einer weiteren Leiter fahren, wiederum diese Leiter hinaufsteigen, durch ein Rohr laufen, in einen Aufzug einsteigen, an einer Kette ziehen und so eine Fahne hissen ...
Das in Abbildung 65 A dargestellte Lernprogramm vermittelt einen Eindruck von der Komplexität der zu leistenden Aufgabe.

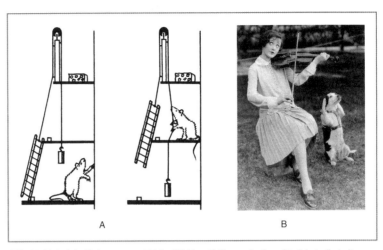

Abb. 65: Beispiele für Lernen am Erfolg: (A) Eine Ratte wurde darauf trainiert, die Leiter hochzuklettern, diese eine Ebene hochzuziehen und dann mit deren Hilfe zum Käse auf der zweiten Plattform hochzusteigen. (B) Durch die Technik des Shaping wurde der Hund für den Stummfilm „The Callahans and the Murphys" darauf dressiert, seine Ohren zuzuhalten, sobald die Schauspielerin Sally O´Neil zu musizieren begann.

Shaping: Operante Lernmethode, bei der das Verhalten in aufeinander folgenden kleinen Schritten verändert wird.

Damit die Ratte all das lernen konnte, begann die Konditionierung nicht am Anfang, sondern am Ende. Wenn die Ratte eine Tätigkeit beherrschte, lernte sie, vor dieser eine andere auszuführen, um dadurch an die Belohnung zu kommen. So konnte mit fortschreitendem Lernerfolg immer eine neue Forderung an die Ratte gestellt werden.

Die Methode, die hier beschrieben wird, heißt **stufenweise Annäherung** oder **Shaping („Verhaltensformung")**. Bei der stufenweisen Annäherung geht es um die **Veränderung von Verhalten in kleinen Schritten**. Sie ist immer dann vonnöten, wenn einem Tier eine kompliziertere Handlungsabfolge beigebracht werden soll. Zu Beginn wird jeder Schritt, der das Tier der endgültigen Verhaltensweise näher bringt, vom Versuchsleiter belohnt. Schritt für Schritt wird das Tier dann dem Endziel immer näher gebracht (Abb. 65 B).

Da die Technik der stufenweisen Annäherung das Erlernen einer Verhaltensweise prinzipiell beschleunigt, wird die Methode der stufenweisen Annäherung oft auch bei einfacheren Verhaltensweisen wie dem Hebeldrücken angewandt (die Technik der stufenweisen Annäherung wird dann auch **Prompting** genannt). Jede kleinere Bewegung, die die Ratte dem Hebel näher bringt, wird belohnt. Hat die Ratte gelernt, sich dem Hebel für die Belohnung zu nähern, wird sie nur noch bei Berührung dessen belohnt. Schließlich erfolgt die Verstärkung nur noch, wenn der Hebel tatsächlich gedrückt wird.

Prompting: engl. *to prompt* veranlassen

Wie sich verschiedene Formen der Belohnung auswirken

Interessant ist in diesem Zusammenhang, dass sich auch die Art und Weise der Belohnung maßgeblich auf den Erfolg des Lernergebnisses auswirkt. Als Skinner für einen Versuch am Wochenende einmal nicht ausreichend Futterpillen besorgt hatte, entschied er sich, nur jede zweite richtige Reaktion seiner Versuchstiere zu belohnen. Zwar erlernten die so belohnten Tiere das erwünschte Verhalten langsamer, doch machte er eine erstaunliche Beobachtung:
Die **weniger häufig** belohnten Ratten behielten die beigebrachte Verhaltensweise nach dem Ausbleiben der Belohnung deutlich **länger** bei als ihre jedes Mal belohnten Artgenossen. Spätere Versuche an anderen Tieren und am Menschen bestätigten Skinners Beobachtung.

intermittierend: lat. *intermittere* zeitweilig aussetzend
Extinktion: Aufhebung des Lernergebnisses.

Bei **kontinuierlicher** Verstärkung wird die erwünschte Verhaltensweise jedes Mal belohnt, bei **intermittierender** hingegen nur unregelmäßig. Die Extinktion erfolgt bei intermittierender Verstärkung langsamer.

In der Praxis kombiniert man häufig beide Formen der Belohnung miteinander: Erst wird kontinuierlich verstärkt (die Verhaltensweise wird relativ schnell gelernt), dann belohnt man nur hin und wieder (das Lernergebnis bleibt so nach Ausbleiben der Belohnung relativ lange erhalten).
Entsprechende Ratschläge werden auch Lehrern gegeben, die bestimmte Verhaltensweisen bei schwierigen Schülern fördern möchten: Zunächst sollte jede gewünschte Verhaltensweise gelobt werden, dann nur noch in bestimmten Abständen. Der Vorteil der intermittierenden Verstärkung gegenüber der kontinuierlichen besteht u. a. darin, dass kontinuierlich verstärkte Kinder bei einem abrupten Ausbleiben der Belohnung sichtlich frustriert sind, bei intermittierender Verstärkung ist dies nicht der Fall.

Versuche mit Labyrinthen

Neben der Skinner-Box gehören bei der operanten Konditionierung **Labyrinthe** zu den am häufigsten verwendeten und am einfachsten zu handhabenden Versuchseinrichtungen (Abb. 66). Mit ihrer Hilfe lassen sich Lernleistungen recht gut erfassen, z. B. über die für das Durchqueren des Labyrinths benötigte Zeit oder die bis zum Ziel gemachten Fehler. Ein Labyrinth ist so im Grunde nichts anderes als ein praktisches Instrument, um zu testen, wie gut eine Reihe von richtigen Entscheidungen durch ein Tier gelernt und behalten werden kann.

Verhalten ist erlernt

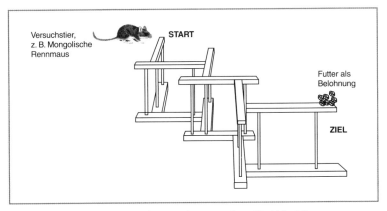

Abb. 66: Modellhafter Versuchsaufbau zum Lernversuch am Hochlabyrinth.

Als **Fehler** gilt z. B. das Hineinlaufen in einen blinden Gang oder das Hinunterspringen vom Labyrinth.

Zu Beginn des Lernversuchs setzt man ein Versuchstier, das ca. 24 Stunden lang gehungert haben muss, an den Startpunkt des Labyrinths und notiert sowohl die Zeit als auch die Zahl der Fehler, die das Tier bis zum Ziel macht. Am Ziel belohnt man das Tier mit einer kleinen Menge Nahrung, z. B. einer „Futterpille", und setzt es nach einer kürzeren Ruhepause wieder an den Startpunkt des Labyrinths. So verfährt man mehrere Male. Aus den gewonnenen Daten werden nach mehreren Durchgängen anhand der Zeit für das Durchqueren bzw. der Fehlerzahlen Lernkurven erstellt: Wie schnell lernt ein Versuchstier durch die Belohnung am Ende des Labyrinths? In Abbildung 67 sind zwei typische Lernkurven von Versuchstieren (Ratten) dargestellt.

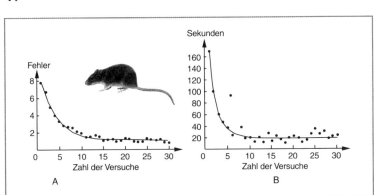

Abb. 67: Lernkurven von Ratten: (A) anhand der gemachten Fehler, (B) anhand der Zeit, die die Tiere benötigten, um ein Versuchslabyrinth zu durchqueren. Jeder Kreis stellt den Mittelwert von 47 Tieren dar.

Appetenz → vgl. S. 20, 24

Entscheidend für das Gelingen dieses Versuchs ist, dass das jeweilige Versuchstier bei Versuchsbeginn ein **Appetenzverhalten** zeigt – es sich „ruhelos" auf die Suche nach Futter begibt.

Die hier getesteten Ratten haben sich nach anfänglich relativ hoher Fehlerzahl im ersten Durchgang recht schnell verbessert, bis sie schließlich im Durchschnitt nur noch einen Fehler machen: Die Belohnung am Ende des Labyrinths führt ganz offensichtlich den beabsichtigten Lernerfolg herbei. Entsprechendes lässt sich auch über die benötigte Zeit für die Durchquerung feststellen: Die Ratten lernen relativ schnell, die Strecke zügig hinter sich zu bringen.

An diesem Experiment wird übrigens gut nachvollziehbar, weshalb die operante Konditionierung noch weitere Namen unter Wissenschaftlern hat: **Lernen durch Versuch und Irrtum** sowie **Lernen am Erfolg**. Die Ratte muss im Gangsystem immer wieder „ausprobieren und irren", bis sie am Ende des Labyrinths schließlich für den Lernerfolg belohnt wird.

Abb. 68: „Jedesmal, wenn du die Kiste aufsperrst, geben sie dir eine Banane. Der Bursche ist wirklich gut konditioniert!"

Operante Konditionierung beim Menschen

Nachdem im Vorangegangenen vor allem die Rede davon war, wie leicht Tiere insgesamt mittels der operanten Konditionierung zu „manipulieren" sind, bedarf es einer ergänzenden und auch ein wenig korrigierenden Anmerkung, denn auch Menschen können offenbar mithilfe nur geringfügiger Belohnungen erstaunlich gut „abgerichtet" werden. In dem Standardwerk „Die Biologie des menschlichen Verhaltens" von Irenäus Eibl-Eibesfeldt findet sich diesbezüglich ein Hinweis auf ein Experiment ganz ungewöhnlicher Art und Weise:

"W. Verplanck erzählte mir, seine Studenten hätten es auf ähnliche Weise fertiggebracht, Professoren zu konditionieren, indem sie konsequent bestimmte Verhaltensweisen bekräftigten. Einer der Vortragenden hatte z. B. die Gewohnheit, einen Fuß während des Vortrages auf einen Stuhl zu stellen – und immer, wenn er es tat, mimten die Zuhörer besonderes Interesse. Die weiblichen Zuhörer schoben ihre Röcke unauffällig etwas über die Knie! Stieg der Vortragende von seinem Stuhl, dann wendeten sich die Zuhörer von ihm ab, und die Röcke fie-

Irenäus Eibl-Eibesfeldt (geb. 1928 in Wien): Der bekannte österreichische Verhaltensbiologe war lange Zeit Mitarbeiter von Konrad Lorenz. Er beschäftigt sich seit den 60er-Jahren besonders mit der Erforschung des menschlichen Verhaltens.

len um einige Zentimeter. Bald stand der Vortragende mit einem Bein auf dem Stuhl – und zuletzt stieg er sogar darauf."[1]

Im Alltag finden sich aber auch Beispiele für negative Folgen operanter Konditionierungen beim Menschen: So ist etwa das Spielen an Geldautomaten ein anschauliches Beispiel dafür, dass Belohnungen gerade dann besonders wirksam sind, wenn sie vergleichsweise selten erfolgen.

Grenzen der operanten Konditionierung: Konflikte sind „vorprogrammiert"

Doch trotz in der Tat verblüffender Leistungen von Versuchstieren ist es keineswegs möglich, jedem Lebewesen jede nur erdenkliche Verhaltensweise beliebig und vor allem dauerhaft anzudressieren. Die ausgewählten Tiere müssen zum einen **neugierig** sein und ihre **Umwelt aktiv erkunden** wollen, zum anderen können nur die Verhaltensweisen dauerhaft erlernt oder beibehalten werden, die zu einem gewissen Grade noch zum „normalen" angeborenen Verhaltensrepertoire der Tiere gehören.

Abb. 69: Gescheiterte Versuchsreihe mit einem Erdferkel: Nicht alles ist mithilfe der operanten Konditionierung möglich …

Wie zum Scheitern verurteilte Versuche ausgehen können, zeigt beispielhaft eine Arbeit mit Schweinen, die nicht zuletzt wegen ihres fortlaufenden Hungers gut zu konditionierende Tiere sind. Die Wissenschaftler hatten einem Schwein beigebracht, eine bestimmte Menge von Spielzeugmünzen einzeln aufzuheben, diese nacheinander zu einer „Bank" zu tragen und dort in einen Schlitz zu stecken. Zunächst erledigte das Schwein diese Aufgabe ohne erkennbare Probleme. Doch nach einigen Wochen wurde das Schwein immer langsamer und zeigte auffällige Verhaltensweisen: es wühlte am Boden, ließ die Münze fallen, schob die Münze vor sich her, hob die Münze auf, schleuderte diese hoch und ließ die Münze wieder fallen, usw. Diese Verhaltensweisen nahmen schließlich so zu, dass das Schwein im Verlaufe eines Tages nicht mehr genug zu fressen bekam. Weitere Versuche mit anderen Schweinen bestätigten

---

1 I. Eibl-Eibesfeldt, *Die Biologie des menschlichen Verhaltens*, München ³1997, S. 115

diese Verhaltenstendenz. Ähnliche Probleme traten auch bei Experimenten mit Hühnern auf: Statt auf einer Plattform für 10 bis 12 Sekunden lang zu stehen, um so eine Futterbelohnung zu erhalten, scharrten diese einfach weiter auf dem Boden. Aufgrund dieser und ähnlicher Beobachtungen kam man zu dem Schluss, dass ein Verhalten nur dann **dauerhaft konditioniert** werden kann, wenn es mit den **angeborenen Verhaltenstendenzen** eines Tieres **in Einklang** steht. Das heißt mit anderen Worten: Es besteht offenbar eine Lerndisposition dahingehend, dass vor allem die für eine Tierart biologisch relevanten Verhaltensweisen erlernt werden.

3.3 Latentes Lernen

latent: lat. *latens* verborgen, unsichtbar

Ende der 20er-Jahre führte man Versuche an Ratten durch, mit denen gezeigt werden konnte, dass Ratten auch dann in einem Labyrinth den Weg zum Ziel lernen, wenn sie nach der Durchquerung nicht belohnt werden. Der Lernerfolg der Ratten konnte aber erst in nachfolgenden Versuchen sichtbar gemacht werden, bei denen die Ratten das Labyrinth zielgerichtet mit einer Belohnung durchliefen.

Das experimentelle Vorgehen war folgendermaßen: Drei Gruppen hungriger Ratten ließ man durch ein kompliziertes Labyrinth laufen. Eine Gruppe von Versuchstieren erhielt vom ersten bis zum letzten Tag des Versuchs eine Futterbelohnung am Ziel. Innerhalb von sieben Tagen lernten diese Ratten, das Labyrinth nahezu fehlerfrei zu durchqueren (Abb. 70). Die zweite Gruppe lief drei Tage lang durch das Labyrinth, erhielt aber

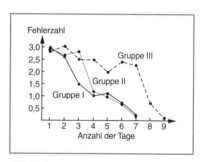

Abb. 70: Latentes Lernen bei Ratten. Die erst später belohnten Versuchstiere der Gruppen II und III haben den Weg durchs Labyrinth offenbar auch ohne Belohnung gelernt.

erst vom dritten Tag an eine Belohnung am Ziel. Innerhalb nur eines Tages zeigten diese Versuchstiere fast genau dieselben Leistungen wie die Tiere der ersten Gruppe, die durchgehend belohnt worden waren. Eine dritte Gruppe von Versuchstieren durchquerte das Labyrinth sogar ganze sieben Tage lang ohne eine Belohnung am Ziel. Als diese Tiere am siebten Tag ihre erste Belohnung erhielten, reduzierten sich deren Fehler immens: Am neunten Tag waren die Ratten der dritten Gruppe ebenfalls fast fehlerfrei.

Diese Ergebnisse stehen offensichtlich im Widerspruch zu den Grundannahmen der operanten Konditionierung: Die Ratten der zweiten und dritten Gruppe hatten den Weg im Labyrinth auch ohne eine Belohnung am Ziel des Labyrinths gelernt, denn sonst hätten sie nicht nach so kurzer Zeit den Leistungsstand der ersten Gruppe erreichen können. Allerdings konnte dieser Lernvorgang erst im Nachhinein durch die spätere Belohnung sichtbar gemacht werden, weshalb man diese Form des Lernens als latentes (verborgenes) Lernen bezeichnete.

Ob es sich aber tatsächlich um ein belohnungsfreies Lernen handelt, ist noch unklar. Einige Wissenschaftler wenden nämlich ein, dass bereits das Erkunden der Umgebung vom Versuchstier als Belohnung empfunden werden kann.

Unter **latentem Lernen** versteht man einen Lernprozess, der ohne erkennbare Belohnung stattfindet und dessen Ergebnis erst zu einem späteren Zeitpunkt deutlich wird.

3.4 Lernen durch Nachahmung (Imitation)

Das zuvor in den Kapiteln zur Konditionierung beschriebene Lernen ermöglicht bereits einfachsten Lebewesen, ihr Verhalten an die jeweiligen Bedingungen individuell anzupassen. Für komplexeres Verhalten bedarf es in der Natur jedoch anderer Lernformen. Es ist z. B. kaum denkbar, dass die Meidung eines bislang unbekannten Raubfeindes über ein allmähliches Lernen in Form von Versuch und Irrtum vonstatten geht – einen solch langen Zeitraum würde das Tier kaum überleben. Viel effektiver und zeitsparender ist in dieser Hinsicht, andere zu beobachten und nur erfolgreiche Verhaltensweisen zu übernehmen: Der Aufwand und das Risiko für ein solches Lernen ist ganz offensichtlich geringer, als wenn jedes Tier jede Handlung selbst ausprobieren müsste. Das beobachtende Tier macht allein durch das Zuschauen eine Erfahrung, für die es im Extremfall ihr Leben hätte lassen müssen.

Erfolgreiche Verhaltensweisen können sich innerhalb einer sozial lebenden Gruppe vergleichsweise schnell etablieren, indem diese Verhaltensweisen von anderen Tieren abgeguckt und nachgeahmt werden. Über Generationen hinweg können diese sich dann zum „normalen" Verhaltensrepertoire einer Art entwickeln, es kommt zur Ausbildung von **Traditionen**.

Unter **Tradition** versteht man die Weitergabe erlernter Informationen innerhalb einer Gruppe oder an die nächste Generation.

Lernen durch Nachahmung ist nur von **Vögeln** und **Säugern** bekannt – es setzt allem Anschein nach eine beträchtliche Leistungsfähigkeit des Gehirns voraus. Auch beim Menschen ist Lernen durch Nachahmung eine wichtige und oft unterschätzte Form des Lernens. Eine sehr große Rolle spielt diese Lernform bei dem Erlernen von Bewegungsabläufen, wie den Fresssitten bei Tieren oder beispielsweise der Körpersprache (Abb. 71): Der Sohn von John Wayne ahmt in einer Drehpause eines Westerns die Körpersprache seines Vaters nach. Kontrovers dikutiert wird zur Zeit noch, ob beim Menschen eine Nachahmungsfähigkeit bereits kurz nach der Geburt besteht.

Abb. 71: Pause zwischen den Filmaufnahmen: John Wayne mit seinem Sohn.

Abb. 72: Eine Meise beim Öffnen des Verschlusses einer Milchflasche.

Beispiel: Meisen öffnen Milchflaschen

In den 30er-Jahren lernten Meisen in Großbritannien, die Verschlusskappen von Milchflaschen zu öffnen und den Rahm bis zu einer Tiefe von fünf Zentimetern abzutrinken (Abb. 72). Bereits wenige Minuten nach der Auslieferung fielen Meisen über die Milchflaschen her, die von den Lieferanten frühmorgens vor den Haustüren abgestellt worden waren.

Bis zum Jahre 1947 breitete sich diese Verhaltensweise in erstaunlichem Maße aus (Abb. 73). Interessanterweise fand sich dieses Verhalten schließlich nicht nur bei Kohlmeisen, sondern auch bei zehn weiteren Vogelarten, vor allem bei Tannenmeisen und Blaumeisen.

Inzwischen gehen die Vermutungen dahin, dass die erste Meise, die dieses Verhalten zeigte, weniger einfallsreich war, als man zunächst annahm. Denn Meisen suchen von Natur aus unter Rinde nach Insekten und anderen Kleintieren, sodass die Bewegungsabläufe beim Öffnen der Flaschen zu ihrem normalen Verhaltensrepertoire gehören. Eine Vermutung geht sogar so weit zu unterstellen, dass die allererste Meise eher etwas „begriffsstutzig" war, weil sie die Milchflasche mit einem Ast verwechselte.

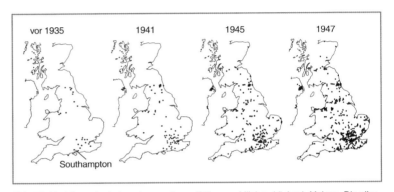

Abb. 73: Verteilung der bekannt gewordenen Fälle von „Milchraub" durch Meisen. Die allererste Flaschenöffnung wurde bereits 1921 in Southampton beobachtet. Aufgrund von Nachahmung hat sich diese Verhaltensweise jedoch rasch unter den Tieren ausgebreitet. Jeder Punkt in der Abbildung stellt eine beobachtete Öffnung einer Flasche durch eine Kohlmeise dar.

Beispiel: Makaken waschen Kartoffeln

Japanische Wissenschaftler auf der Insel Koshima fütterten in den 50er-Jahren **Rotgesichtsmakaken** am Strand mit Süßkartoffeln, um sie so besser beobachten zu können.

Ein 16 Monate altes Makakenweibchen namens Imo wurde 1953 zum ersten Mal dabei beobachtet, wie es die sandigen Süßkartoffeln zum Wasser brachte, wusch und sie anschließend aß (Abb. 74). Das Kartoffelwaschen entwickelte sich bei Imo zur Gewohnheit und wurde bald von Artgenossen, vor allem gleich alten Makaken, nachgeahmt.

Innerhalb einer Zeit von zehn Jahren breitete sich diese Verhaltensweise fast über die gesamte Population hin aus – mit Ausnahme der über zwölf Jahre alten Tiere.

Spielverhalten
→ vgl. S. 94

Es scheint durchaus typisch, dass die „Erfindung" des Kartoffelwaschens von einem jungen Tier ausging, denn diese sind durch ihre **Neugierde** und ihr **Spielverhalten** eine maßgebliche Quelle für Neuerungen – die dann in der Regel von den älteren und sich eher konservativ verhaltenden Tieren nur langsam übernommen werden.

Abb. 74: Durch Nachahmung hat sich bei den japanischen Rotgesichtsmakaken das Waschen von Süßkartoffeln verbreitet.

War Imo nun ein besonders intelligentes Makakenweibchen? Vermutlich machte Imo

Einsicht → vgl. S. 90 f.

ihre Entdeckung rein zufällig und lernte dann, diese für ihre Zwecke zu nutzen. Eine besondere „Einsicht" in ihr Handeln muss bei ihr nicht zwangsläufig angenommen werden. Es ist zwar kaum möglich, etwas über Imos Gedankenprozesse zu sagen, dennoch scheint Imo ein überdurchschnittlich intelligentes Makakenweibchen gewesen zu sein. Denn nur zwei Jahre nach ihrer ersten Entdeckung erfand Imo noch eine zweite Methode der Nahrungssäuberung: Die japanischen Wissenschaftler hatten am Strand Reiskörner ausgestreut und die Makaken sammelten jedes Korn einzeln vom Boden auf. Imo dagegen nahm eine Handvoll des Sand-Reis-Gemisches und warf es ins Wasser. Der Sand sank zu Boden und der an der Wasseroberfläche schwimmende Reis konnte leicht abgeschöpft werden. Auch diese Verhaltensweise breitete sich in der Population aus.

Dass einige Affen Verhaltensweisen erstaunlich gut nachahmen können, hat sich interessanterweise auch in unserer Sprache niedergeschlagen, indem wir statt von Nachahmen gelegentlich auch von „Nachäffen" sprechen – ein Begriff der auf folgendes Beispiel recht gut passt: So hat man Affen im Zoo nämlich dabei beobachtet, wie sie das Zigarettenrauchen von Besuchern „nachäfften". Hierzu klemmten die Affen ein Stöckchen zwischen die Finger, führten es zum Mund, saugten daran und bliesen anschließend scheinbar genüsslich den Rauch zwischen ihren gespitzten Lippen aus. Was an diesem Beispiel außerdem deutlich wird: Affen sind durchaus in der Lage, nicht nur von Artgenossen (was in der Regel der Fall ist), sondern auch von Angehörigen anderer Arten neue Verhaltensweisen zu erlernen. Die bei **Schimpansen** potenziell vorhandene Fähigkeit, sich selbst erkennen zu können, ermöglicht ihnen schließlich sogar, sich selbst in einer Fotografie oder einem Spiegelbild zu imitieren.

Selbstwahrnehmung bei Tieren → vgl. S. 101 f.

3.5 Lernen durch Einsicht

Wolfgang Köhler (1887–1967): Der Professor für Psychologie und Philosophie arbeitete von 1913 bis 1920 als Direktor der Menschenaffenstation auf Teneriffa.

Wolfgang Köhler glaubte, dass Menschenaffen zu „intelligentem" Handeln und zur Planung ihrer Handlungen fähig seien. Hierzu führte er während des ersten Weltkrieges zahlreiche Versuche in der Menschenaffenstation auf der Insel Teneriffa durch. Dort stand ihm ein großes Freigehege mit neun Schimpansen unterschiedlichen Alters zur Verfügung. Köhler selbst bezeichnete das Gehege als „Spielwiese", auf der er den Schimpansen viele Objekte („Spielzeuge") zur Verfügung stellte.

Die experimentelle Vorgehensweise war vergleichsweise einfach: Zunächst schloss Köhler einen Schimpansen in einen großen Käfig ein. Außerhalb der Greifweite des Tieres wurde dann eine Banane oder eine andere Frucht deponiert. Um diese zu erlangen, musste der Schimpanse einen langen Stock aus zwei kurzen Stöcken zusammenstecken (Abb. 75). In gleicher Weise lernte der Affe, Früchte, die sonst unerreichbar hoch an der Käfigdecke hingen, mit einem selbst hergestellten langen

Abb. 75: Ein Schimpanse konstruiert aus zwei kurzen Bambusstöcken einen langen, um so an die außerhalb des Gitters deponierte Banane heranzukommen.

selbst hergestellter Stock → vgl. dazu **Werkzeuggebrauch**, S. 98 ff.

Stock herunterzustoßen. Bei einer anderen Aufgabe wiederum mussten zusätzlich Kisten übereinander gestapelt werden, um an die Banane zu gelangen (Abb. 76).

operante Konditionierung → vgl. S. 77

Ähnlich wie bei der operanten Konditionierung durch positive Verstärkung erhält das Tier bei diesen Versuchen eine Belohnung. Allerdings kommt das Versuchstier nicht durch bloßes Herumprobieren, sondern durch **gedankliches Erfassen der Zusammenhänge** und der einzelnen **Handlungsschritte** zum Ziel. Man kann die Versuchstiere regelrecht dabei beobachten, wie sie zunächst ruhig dasitzen und die Handlungsschritte zur Lösung des Problems planmäßig durchdenken: ihre Blicke wandern zu den Stöcken, zur Banane, zu den Kisten, zurück zu den Stöcken usw. Bei komplexeren Aufgaben kann diese Planungsphase mehrere Minuten dauern.

Der Begriff „**Einsicht**" wird z. T. gemieden, weil entsprechende Denkleistungen nur indirekt nachgewiesen werden können.

Hat ein Versuchstier schließlich die Zusammenhänge erfasst – also nach Köhler **Einsicht in die Zusammenhänge von Ursache und Wirkung** gewonnen –, führt es mehrere Einzelhandlungen in einem Zuge ohne größere Unterbrechungen hintereinander aus. Der Moment, in dem einem Tier gewissermaßen „ein Licht aufgeht", wird als **Aha-Erlebnis** bezeichnet.

Angemerkt werden muss, dass den Versuchstieren die Gegenstände und Einzelhandlungen (wie das Zusammenstecken der Stöcke) vorher bekannt waren. Neu für die Tiere war jedoch, dass sie dieses Wissen in einem anderen Zusammenhang anwenden und mit anderen Handlungen zielgerichtet kombinieren mussten. Weil diese Tiere in der Lage sind, mehrere ihnen bekannte Einzelhandlungen neu zu kombinieren, wird statt von einsichtigem Handeln vielfach auch von **primär neukombiniertem Verhalten** gesprochen.

Abb. 76: Nach einer Phase des Überlegens geht der Schimpanse zielgerichtet ans Werk: Er stapelt mehrere Kisten aufeinander, um sich so eine zuvor nicht erreichbare Banane zu „angeln".

Lernen durch Einsicht zeichnet sich dadurch aus, dass die Lösung für ein Problem durch Erfassen der Zusammenhänge – und nicht zufällig oder durch Ausprobieren – gefunden wird.

Das planvolle, zielgerichtete Vorgehen eines Lebewesens wird dann besonders augenfällig, wenn es einen **Umweg** zum Erreichen seines Ziels in Kauf nehmen muss: Ein Tier, das sich innerhalb eines u-förmigen, hinten offenen Gitters befindet, sieht vor sich, gerade außer Reichweite, einen Leckerbissen liegen (Abb. 77). Die erste Reaktion dürfte für die meisten Tiere im Herumprobieren nach der Versuch-und-Irrtum-Methode bestehen. Menschenaffen werden jedoch sehr bald aus dem Gitter herausgehen, um an ihr Ziel zu kommen (Abb. 77 B). Andere Tiere, wie z. B. Hühner, sind mit dieser Versuchssituation schlicht überfordert: Ihr Versuch, auf direktem Weg ans Futter zu gelangen, bleibt erfolglos – sie gelangen allenfalls dann ans Futter, wenn sie zufällig beim hin und her laufen den umzäunten Bereich verlassen (Abb. 77 A).

Inzwischen haben weitere Versuche gezeigt, dass auch andere Tiere wie Hunde und Katzen, in der Lage sind, derartige Umwege zu gehen.

Abb. 77: Während der Menschenaffe einen Umweg wählt, um sein Futter zu erhalten (B), ist das Huhn zu einer derartigen Leistung nicht in der Lage – ihm fehlt die Fähigkeit zu einsichtigem Handeln (A).

Labyrinthversuche
→ vgl. S. 81 ff.

Interessant ist in diesem Zusammenhang ein Vergleich zu den Labyrinthversuchen mittels Lernen durch Versuch und Irrtum. Im Gegensatz dazu bewältigen Schimpansen beim Lernen durch Einsicht die ihnen gestellte Aufgabe nämlich grundsätzlich anders als z. B. Ratten: Vor der Versuchsausführung wird das Labyrinth aufmerksam betrachtet und erst dann werden die Einzelhandlungen zügig nacheinander ausgeführt.

In einer weiteren Versuchsanordnung lernte eine Schimpansin, mehrere Kisten mit verschiedenen Werkzeugen hintereinander zu öffnen: In einer Kiste befand sich ein Werkzeug zum Öffnen einer anderen Kiste, in der sich wiederum ein Werkzeug zum Öffnen der nächsten Kiste befand usw. – bis die Schimpansin schließlich in der letzten Kiste eine Futterbelohnung fand (Abb. 78). Im Unterschied zum „shaping" kombinierte die Schimpansin ihr bekannte Einzelhandlungen im Voraus zu einer neuen, sinnvollen Reihenfolge und führte dann die Handlungen zügig nacheinander aus.

Shaping → vgl. S. 79 f.

Abb. 78: Nach reiflicher Überlegung der Handlungsschritte öffnet die Schimpansin gezielt in der richtigen Reihenfolge die Werkzeugkisten, um zur Banane zu kommen.

Dass bei Menschenaffen in der Tat eine Voraussicht und eine Erwartungshaltung im Hinblick auf das Ergebnis ihrer Handlungen besteht, wird auch deutlich, wenn der Erfolg einer Handlung ausbleibt: Die Versuchstiere zeigen sichtlich Ärger und Enttäuschung.

Lernen durch Einsicht hat sich am stärksten in der Gruppe der Säugetiere und hier besonders bei Primaten entwickelt. Allerdings variieren die beobachteten Leistungen je nach Situation und von Tier zu Tier oft erheblich.

Primaten: „Herrentiere", umfasst die Halbaffen, Affen und den Menschen.

3.6 Spielverhalten: Spiel ist Spiel und Ernst zugleich ...

Wenn Lebewesen spielen, tun Sie dies, ohne einen erkennbaren äußeren Zweck zu verfolgen. Sie wollen weder einem Artgenossen „ernsthaft" Beute abjagen, noch wollen sie ihn im Kampf „ernsthaft" verletzen. Dennoch sind die Spielenden oft mit sehr großem Ernst bei der Sache und verwenden sehr viel Energie darauf, ihre Ziele zu erreichen. Hinzu kommt, dass spielende Tiere durch ihre Unachtsamkeit potenziell Leib und Leben riskieren.

Welchen biologischen Sinn hat ein solches dem Anschein nach „zweckfreies" Spielverhalten? Die Antwort auf die Frage, welche Tiere überhaupt spielen, hilft hier einen Schritt weiter: So haben Untersuchungen gezeigt, dass **nur lernfähige Tiere spielen** und dass es sich bei diesen Tieren in aller Regel um **jüngere Tiere** handelt. Offensichtlich erwerben jüngere Tiere im Spiel also Kenntnisse, die später für sie von Nutzen sind. Spielen stellt für diese Tiere somit eine **wichtige Entwicklungsförderung** dar: Im Spiel lernen sie den Umgang mit einer Vielzahl von Gegenständen und üben bestimmte Bewegungsabläufe ein. Hunde und Katzen üben z. B. untereinander, wie sie Beute fangen, packen und schließlich töten. Kennzeichnend für einen solchen spielerischen Kampf ist die absolute **Beißhemmung** und der **rasche Rollenwechsel** zwischen den Tieren (der überlegene Hund wird abrupt zum Unterlegenen und umgekehrt). Überdies können Verhaltensweisen verschiedener Funktionskreise erstaunlich frei miteinander kombiniert werden, z. B. Elemente des Kampf- und Beutefangspiels.

Funktionskreise
→ vgl. S. 12

Durch das Spielen wird insbesondere die geistige und soziale Entwicklung der jungen Tiere gefördert. Spielen regt das Wachstum der Großhirnrinde und die Verknüpfung zentralnervöser Strukturen an. Nagetiere, die in einer anregenden Umgebung mit vielen Reizen spielen, sind nachgewiesenermaßen lernfähiger, flexibler und reagieren effektiver auf neue Situationen als Artgenossen, die in reizarmer Umgebung fast ohne Spielmöglichkeiten aufwachsen. Und Tiere, die am Spielen gehindert werden, zeigen später auffällige Verhaltensstörungen.

Wenige Tierarten spielen auch im Erwachsenenalter, z. B. Primaten, Delfine, Wale, Raubtiere, Nager und Huftiere. Es scheint so, dass bei allen Tiergruppen, bei denen das Spiel überhaupt vorkommt, prinzipiell auch die erwachsenen Tiere spielen – wenngleich sie dies auch vergleichsweise selten tun. Bei Delfinen lassen sich auch bei erwachsenen Tieren noch erstaunliche Spielleistungen beobachten.

Zu den **Tieren**, die ein **Spielgesicht** zeigen, gehören z. B. Makaken, Meerkatzen und Schimpansen.

Voraussetzung dafür, dass Tiere überhaupt spielen, ist ein **entspanntes Umfeld**, das frei von akuten Lebenszwängen und -bedürfnissen ist. Ein solches Umfeld existiert meist im Schutz der Elterntiere. Einige Tiere und auch der Mensch zeigen bei der Aufforderung zum Spiel oft ein **Spielgesicht**, das man wegen des offenen Mundes auch „Mundoffen-Gesicht" nennt (Abb. 79).

Abb. 79: Spielen ist auch beim Menschen an bestimmten angeborenen Merkmalen erkennbar. Zu diesen Merkmalen gehört das Spielgesicht, das vor allem die Eltern zum Spiel auffordert.

Eine allgemeingültige Definition dessen, was man unter Spielen versteht, bereitet angesichts der Vielzahl der verschiedenen Spielformen seit langem große Schwierigkeiten. Zusammenfassend lassen sich aber folgende Merkmale von Spielen festhalten:
- Im Spiel werden keine äußerlich ersichtlichen Ziele verfolgt (der „Ernst" fehlt).
- Elemente verschiedener Funktionskreise werden relativ frei von den Spielenden kombiniert.
- Handlungsbereitschaften, die lebenswichtige Funktionen betreffen, hemmen das Spielverhalten (z. B. Hunger).
- Das Spiel strebt keiner Endhandlung zu, die das Spielverhalten beendet.
- Solange keine anderen Handlungsbereitschaften aktiviert werden, ist das Spielverhalten in einem entspannten Umfeld nahezu „unersättlich" (das Beutefangspiel ist also nicht mit dem Ergreifen des Beutetiers beendet, sondern schon im nächsten Moment wieder neu auslösbar).
- Spielverhalten ist oft mit Neugierde und Erkundungsverhalten eng verknüpft.

Zusammenfassung

- Unter dem Begriff **Lernen** versteht man im Allgemeinen Prozesse, die bei Mensch und Tier zu **dauerhaften Verhaltensänderungen** führen.
- Werden Reize wiederholt dargeboten, ohne dass diese Konsequenzen haben, nimmt die Reaktionsstärke ab – es kommt zu einer **Habituation**. Der Organsimus wird durch die Habituation vor einer Reizüberflutung geschützt.
- In einer frühen und zeitlich begrenzten Phase ihres Lebens erwerben Tiere Kenntnisse, die für sie lebenswichtig sind. Diesen Lernvorgang nennt man **Prägung**. Beim Menschen hat man einen ähnlichen Lernvorgang bei der Ausbildung der Mutter-Kind-Beziehung gefunden.
- **Klassische Konditionierung:** Das Lernergebnis besteht darin, ein bekanntes Verhalten auf einen zuvor neutralen Reiz hin zu zeigen. **Operante Konditionierung:** Das Ergebnis besteht darin, ein neues Verhalten zu erlernen.
- Bestimmte Tiere und der Mensch können durch Beobachtung neue Verhaltensweisen erwerben – diese Form des Lernens nennt man **Lernen durch Nachahmung** oder Imitationslernen.
- Zeigt ein Tier durch sein Verhalten Einblick in die Zusammenhänge zwischen Ursache und Wirkung einer Handlung, so spricht man von **Lernen durch Einsicht**.
- Im Vergleich zum „ernsten" Handeln wird im Spiel kein unmittelbarer Zweck verfolgt. Der Nutzen des Spiels besteht stattdesssen in seinem längerfristigen Wert, indem es die motorische, soziale und geistige Entwicklung fördert.

Kognitive Fähigkeiten bei Tier und Mensch

So groß nun auch (...) die Verschiedenheit an Geist zwischen den Menschen und den höheren Tieren sein mag, so ist sie doch sicher nur eine Verschiedenheit des Grades und nicht der Art.
Charles Darwin,
On the Origin of Species,
1859

1 Werkzeuggebrauch und Werkzeugherstellung

Werkzeuge stellen als körperfremde Hilfsmittel eine **Erweiterung** des Körpers dar und kommen vor allem bei der Nahrungsbeschaffung, -bearbeitung und der Körperpflege zum Einsatz.

Unter Werkzeug**gebrauch** versteht man die Verwendung eines körperfremden Hilfsmittels zum Erreichen eines Ziels. Dagegen bedeutet die Werkzeug**herstellung** die Veränderung eines Hilfsmittels zum Zwecke des wirkungsvolleren Gebrauchs.

Weder der Werkzeuggebrauch noch die Fähigkeit, bestimmte Handlungsweisen bei nur einmaligem Sehen zu erlernen, setzt Einsicht in das Gefüge von Ursache und Wirkung zwingend voraus. Die Herstellung und Bearbeitung hingegen schon – zwischen Verwendung und der Herstellung besteht daher ein entscheidender qualitativer Unterschied.
In der Menschheitsgeschichte wurde zunächst angenommen, dass der **Gebrauch** von Werkzeugen allein dem Menschen vorbehalten ist und wurde damit zum Unterscheidungsmerkmal zwischen Mensch und Tier. Doch es zeigte sich bald, dass außer dem Menschen auch eine Vielzahl von Tieren unterschiedlichste Werkzeuge verwenden. Besonders häufig benutzen Vögel Werkzeuge, um an Nahrung zu gelangen. Der afrikanische Schmutzgeier schleudert kleine Steine gegen Straußeneier, um so deren dicke Schale aufzubrechen (Abb. 80): Er ergreift einen Stein mit dem Schnabel, trägt ihn zum Ei, streckt sich in seiner ganzen Länge mit nach oben gerichtetem Schnabel und schleudert dann den Stein gegen das Ei. Etwa ein Dutzend Würfe, von denen mehrere ihr Ziel verfehlen, werden üblicherweise benötigt, um die harte Schale aufzubrechen.
Bei den Säugetieren fanden Wissenschaftler einen noch ausgefeilteren Werkzeuggebrauch.

Abb. 80: Werkzeuggebrauch beim afrikanischen Schmutzgeier.

Wenn Seeotter große Muscheln finden, die sie nicht mit ihren Zähnen öffnen können, verwenden sie einen flachen, etwa 15 bis 20 Zentimeter großen Stein als eine Art Amboss: Der Seeotter legt sich, rücklings schwimmend, den Stein auf die Brust, nimmt eine Muschel zwischen seine Vorderpfoten und schlägt diese so lange gegen den Stein, bis die Schale bricht und er an das Muschelfleisch herankommt. Taucht der Seeotter erneut nach einer Muschel, behält er dabei den zuvor gebrauchten Stein im Arm. Einem Bericht zufolge soll ein Seeotter so 54 Muscheln innerhalb von 86 Minuten mit 2 237 Schlägen geöffnet haben.

So erstaunlich die Fertigkeiten von Schmutzgeier und Seeotter im Hinblick auf den Gebrauch von Werkzeugen auch sein mögen, diese Tiere gerieten nie in den Verdacht, Vorfahren des Menschen zu sein, von denen man sich hätte abgrenzen müssen. Anders verhält es sich in dieser Hinsicht mit einer anderen Tiergruppe: den Menschenaffen.

Außerordentlich vielseitig und einfallsreich ist der Werkzeuggebrauch bei Schimpansen, und zwar nicht nur in Gefangenschaft, sondern auch in ihrer natürlichen Umwelt, in der sie keine menschlichen Vorbilder zum Nachahmen haben. Entscheidende erste Beobachtungen zum **Gebrauch und der Herstellung von Werkzeugen** stammen Jane **van Lawick-Goodall**.

Sie konnte im Gombe-Gebiet Tanzanias (Ostafrika) zum ersten Mal das „Termitenangeln" beobachten: Schimpansen führen gezielt lange Grashalme und dünne Zweige in zuvor geöffnete Gänge von Termitenbauten ein. Die Termiten beißen sich an den Halmen fest und die Schimpansen können sie so aus dem Bau herausziehen, um sie anschließend zu verzehren. Wie bedeutsam das Termitenangeln für die Ernährung der Schimpansen ist, sieht man daran, dass sie bis zu 30 Prozent der Zeit für die Futtersuche auf diese Tätigkeit verwenden. Termiten stellen nämlich eine wertvolle Eiweißquelle für die Schimpansen dar.

*Zu den **Menschenaffen** gehören Schimpanse, Gorilla, Orang-Utan und Bonobo.*

*Die Forscherin **Jane van Lawick-Goodall** (geb. 1934 in England) beschäftigt sich seit 1960 mit der Erforschung des Verhaltens von Schimpansen.*

Abb. 81: Ein Schimpanse benutzt einen Halm als Werkzeug zum „Angeln" von Termiten.

Schimpansen können gleiche Materialien auch zu ganz verschiedenen Zwecken einsetzen. So verwenden sie einmal Blätter als „Schwamm", um Wasser aus Baumlöchern aufzusaugen, in einem anderen Zusammenhang verwenden Schimpansen Blätter aber auch, um Kot und Schmutz abzuwischen. Einen Stock können sie als Zahnstocher, als Schaber zum Auskratzen von Nussschalen oder als Hebel zum Aufbrechen von Insektennestern einsetzen. Oft werden die Stöcke für den jeweiligen Gebrauch auch besonders hergerichtet und bearbeitet. Schimpansen können auf der anderen Seite für dieselbe Tätigkeit auch verschiedene Werkzeuge einsetzen: Für das Fischen von Baumameisen gebrauchen sie z. B. entblätterte und entrindete Stöcke, Grashalme und auch Blattstiele. Und schließlich kommen zuweilen auch mehrere Werkzeuge direkt nacheinander zum Einsatz.

Diese und weitere Beobachtungen zum Manipulieren von Gegenständen legen den Schluss nahe, dass Schimpansen in der Tat auch **in freier Natur** die Fähigkeit zu einsichtigem Handeln besitzen. Sie sind bislang die einzigen Tiere, bei denen es gelang, die **Werkzeugherstellung** in freier Natur nachzuweisen.

einsichtiges Handeln
→ vgl. S. 90 ff.

Der Einsatz von Werkzeugen ist allerdings je nach Lebensraum bei verschiedenen Gruppen von Schimpansen recht unterschiedlich: Die Schimpansen der Elfenbeinküste öffnen Palmnüsse mithilfe von Steinen – die Schimpansen des Gombe-Gebietes beißen sie hingegen nach wie vor ohne weitere Hilfsmittel mit ihren Zähnen auf.

2 Selbstwahrnehmung und Selbstbewusstsein bei Tieren

Dass wir Menschen uns selbst im Spiegel erkennen, ist für uns an sich nichts Besonderes. Doch diese Fähigkeit besitzen wir nicht von Geburt an: Menschenkinder erwerben diese Fähigkeit erst mit ungefähr eineinhalb Jahren, vorher erkennen sie sich selbst nicht im Spiegelbild.

Der überwiegende Teil der Tiere kann sein Spiegelbild nicht identifizieren. Sie halten ihr Spiegelbild in den meisten Fällen für einen Artgenossen. Präsentiert man ihnen ihr Spiegelbild, beschwichtigen sie es oder nehmen ihm gegenüber eine drohende Haltung ein, z. T. bekämpfen sie es sogar bis zur Erschöpfung (z. B. Sittiche, Papageienfische, Siamesische Kampffische). Viele Affen bemerken zwar, dass sie im Spiegelbild keinen fremden Artgenossen sehen, dass sie ihr eigenes Abbild vor sich haben, erkennen sie aber nicht.

*Versuche von Wolfgang **Köhler** → vgl. S. 90 ff.*

Schimpansen sind hingegen potenziell in der Lage, sich selbst im Spiegelbild wieder zu erkennen. Bereits Wolfgang Köhler stellte hierzu während des ersten Weltkrieges erste Versuche auf Teneriffa an. Als er seinen Schimpansen zum ersten Mal einen Spiegel gab, griffen diese zunächst in den leeren Raum hinter dem Spiegel – sie vermuteten, wie viele andere intelligente Säuger auch, einen Artgenossen im Spiegelbild. Doch dieses Verhalten änderte sich bald und sie schnitten vor dem Spiegel die unterschiedlichsten Grimassen. Köhler enthielt sich seinerzeit noch weitergehender Interpretationen und stellte lediglich fest, dass Schimpansen, ähnlich wie Hunde und Katzen, bald kein Interesse mehr an ihrem Spiegelbild zeigen.

In berühmt gewordenen **Spiegelversuchen** mit Schimpansen konnte Anfang der 70er-Jahre dann nachgewiesen werden, dass Tiere sich selbst im Spiegel erkennen. Es war aufgefallen, dass Schimpansen, die in ihrem Gehege an Spiegel gewöhnt waren, diese dazu benutzten, Körperbereiche zu betrachten, die sie zuvor noch nie hatten sehen können. Sie betrachteten z. B. ihre Mundhöhle oder kratzten sich – in den Spiegel blickend – am Rücken und an ihrem Hinterteil (Abb. 82).

Es sollte nun untersucht werden, ob die Schimpansen wirklich begriffen, dass sie ihr eigenes Spiegelbild sahen. Hierzu malte man Schimpansen (die sich unter Narkose befanden) leuchtend rote Flecken auf Körperstellen, die diese ohne einen Spiegel nicht wahrnehmen konnten, und zwar einen auf einen Augenwulst und einen auf die Spitze des gegenüberliegenden Ohrs. Die Narkose sollte verhindern, dass die Versuchstiere irgendetwas von der Manipulation ihres Äußeren mitbekamen. Als die Schimpansen aus der Narkose erwachten und sich im Spiegel betrachteten, berührten sie die bemalten Stellen an ihrem Körper und versuchten die Flecken wegzukratzen. Kein Zweifel: Die Schimpansen hatten die Veränderungen im Spiegelbild als Veränderungen an ihrem eigenen Körper gedeutet.

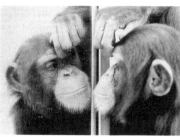

Abb. 82: Schimpansen, die an Spiegel gewöhnt sind, nutzen diese zur Fellpflege und zur Erkundung des eigenen Körpers.

Ähnliche Experimente bewiesen diese Fähigkeit bei zwei anderen Menschenaffenarten, den Orang-Utans und den Bonobos. Bei Gorillas und Gibbons fehlen bislang derartig klare Hinweise. Ob diese aber nicht doch über diese Fähigkeit verfügen, lässt sich derzeit nicht endgültig beurteilen.

Die Spiegelversuche wurden mit einer Reihe anderer Tiere wiederholt, u. a. mit Elefanten, Delfinen und einigen Vögeln – aber keines der untersuchten Tiere bestand bislang den „Spiegeltest". Lediglich neuere Versuche mit **Elstern** lassen den begründeten Schluss zu, dass auch diese über die Fähigkeit des Sich-Selbst-Erkennens verfügen. Unter den Singvögeln besitzen Elstern eines der am höchsten entwickelten Gehirne.

Sich-Selbst-Erkennen: Menschenaffen können sich im Spiegel erkennen und haben eine präzise Vorstellung von Positionen und Bewegungen ihres Körpers – hierzu bedarf es möglicherweise keines Bewusstseins.

Selbstbewusstsein: Die Fähigkeit, die Aufmerksamkeit auf sich selbst als Objekt zu richten und das eigene Dasein bewusst zu erfahren.

Empathie: Fähigkeit, sich in andere hineinzuversetzen.

Nicht abschließend geklärt ist, ob die Fähigkeit des Sich-Selbst-Erkennens gleichzeitig bedeutet, dass die betreffenden Tiere über ein Selbstbewusstsein wie wir Menschen verfügen: Sind Menschenaffen sich also dessen **bewusst**, dass sie sich im Spiegel sehen („Das bin ich!")? Untersuchungen lassen vermuten, dass Schimpansen tatsächlich über ein Selbstbewusstsein verfügen. Und sie scheinen auch in der Lage zu sein, sich in andere Tiere hineinzuversetzen (Empathie): Bei Schimpansen wurde beobachtet, dass sie die in einem Kampf unterlegenen Tiere hinterher trösten – dies könnte ein Hinweis für diese Fähigkeit sein.

3 Verständigung bei Tieren

3.1 Der Bienentanz

Der Wiener Wissenschaftler **Karl von Frisch** (1886–1982) entdeckte und analysierte die Tänze der Honigbienen, die auch als „Bienensprache" bekannt wurden. Für seine umfangreichen Arbeiten erhielt Karl von Frisch 1973 zusammen mit Konrad Lorenz und Nikolaas Tinbergen den Nobelpreis.

Als Karl von Frisch 1946 äußerte, dass Bienen ein beinahe so abstraktes Verständigungssystem besäßen wie der Mensch, stieß er zunächst auf beträchtlichen Widerspruch. Inzwischen hat man sich darauf verständigt, dass Bienen über ein vergleichsweise komplexes Kommunikationssystem, jedoch nicht über eine menschenähnliche Sprache verfügen. Mithilfe eines **Bienentanzes**, der „Bienensprache", teilt eine heimkehrende Honigbiene ihren Stockgenossinnen mit, wo sie eine Nahrungsquelle hoher Qualität entdeckt hat. **Je nach Entfernung** der Futterquelle **bedient sich die Sammelbiene eines bestimmten Tanzes**. Das Mustertier für die Beschreibung der Tanzsprache der Bienen ist die bei uns heimische Honigbiene namens *Apis mellifera*.

Befindet sich die Futterquelle (Nektar oder Pollen) **etwa bis zu 100 Meter** im Umkreis vom Stock, führt die Sammelbiene den **Rundtanz** auf: Nachdem die Sammelbiene Futterproben an ihre Artgenossinnen verfüttert hat, beginnt sie enge Kreise auf der senkrechten Wabe zu laufen, wobei sie einmal in die Gegenrichtung wendet (Abb. 83). Die umstehenden Arbeiterinnen halten mit ihren Fühlern engen Kontakt zu der Tänzerin und folgen ihren Bewegungen. So erfahren sie durch die eigene Bewegung die Form des Tanzes, die sie im finsteren Bienenstock mit den Augen nicht wahrnehmen können. Der Informationsgehalt dieses Tanzes ist vergleichsweise unpräzise: **eine Futterquelle** befindet sich **„irgendwo" in bis zu 100 Metern Entfernung**. Offensichtlich genügt diese Information den anderen Bienen aber, um die Futterquelle sicher zu finden. Als zusätzliche Information dient den nachfolgenden Bienen der Duft der Futterquelle, den die Tänzerin in ihrem Haarkleid trägt.

Befindet sich die Futterquelle **weiter als ca. 100 Meter** vom Stock entfernt, führt die heimkehrende Sammelbiene einen anderen Tanz auf, den so genannten **Schwänzeltanz**. Die Biene läuft nacheinander Halbkreise, einmal nach links, einmal nach rechts (Abb. 83). Auf dem Mittelstück bewegt die Sammelbiene ihren Hinterleib schnell seitlich hin und her, sie führt „schwänzelnde" Bewegungen aus – woher dieser Tanz auch seinen Namen hat. Dabei schlägt die Biene zusätzlich kräftig mit ihren Flügeln und erzeugt so einen Schwirrton. Die Tänzerin deutet hiermit gewissermaßen die Richtung des Ausflugs an.

Auch bei diesem Tanz folgen umstehende Bienen den Bewegungen der Vortänzerin.

Der Schwänzeltanz bedeutet zunächst einmal, dass die Sammelbiene Futter in größerer Entfernung gefunden hat. **Die Mittelstrecke** (die „Schwänzelstrecke") **gibt die Richtung der Futterquelle in Relation zur Sonne an** (**Sonnenkompassorientierung**): Befindet sich die Futterquelle genau in Richtung der Sonne, läuft die Biene auf der senkrechten Wabe nach oben (Abb. 84 A). Befindet sich die Futterquelle genau in der Gegenrichtung, läuft die Biene auf der Wabe senkrecht nach unten (Abb. 84 C). Alle anderen Richtungen ergeben sich aus dem jeweiligen Winkel zur Sonne.

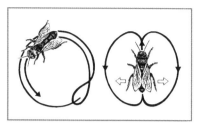

Abb. 83: Bienentänze. Rundtanz (links): Die Futterquelle befindet sich im Umkreis von ca. 100 Metern. Schwänzeltanz (rechts): Die Futterquelle befindet sich weiter vom Stock entfernt. Die weißen Pfeile deuten die „schwänzelnde" Bewegung des Hinterkörpers auf der Mittelstrecke an.

Sonnenkompassorientierung: Form der Raumorientierung anhand der Sonne.

Wichtig für das Verständnis des Schwänzeltanzes ist, dass für die Biene auf der senkrechten Wabe die Sonne immer oben ist (da es im Bienenstock dunkel ist, orientiert sich die Biene an der Schwerkraft). Das heißt: Befindet sich in der Realität die Futterquelle 80 Grad links von der Sonne, tanzt die Biene entsprechend um 80 Grad nach links versetzt von der Senkrechten auf der Wabe (Abb. 84 B). Da bereits kleinere Ungenauigkeiten in der Winkelangabe dazu führen, dass eine Biene an der Futterquelle vorbeifliegt, müssen die Angaben außerordentlich präzise sein.

polarisiertes Licht: Die elektromagnetische Strahlung zeigt senkrecht zur Ausbreitungsrichtung eine innere Ausrichtung.

Im Übrigen funktioniert der „Sonnenkompass" der Bienen auch dann, wenn fast der ganze Himmel mit Wolken bedeckt ist und nur irgendwo am Himmel ein blauer Zipfel sichtbar ist: Bienen können polarisiertes Licht wahrnehmen, wodurch ihnen der blaue Himmel gemustert erscheint. Aus Veränderungen des Musters können die Bienen dann den Sonnenstand ableiten. Bemerkenswert ist überdies, dass die Bienen über eine Art **innere Uhr** verfügen, mit deren Hilfe sie den Sonnenstand und damit den jeweils aktuellen Ort der Futterstelle ermitteln können. Auch wenn die Sammelbienen längere Zeit nicht ausfliegen konnten, z. B. wegen eines Gewitters, finden sie ohne Probleme die jeweilige Futterstelle wieder. Allerdings ist den Bienen diese Fähigkeit nicht angeboren, sondern muss erlernt werden.

Kognitive Fähigkeiten bei Tier und Mensch

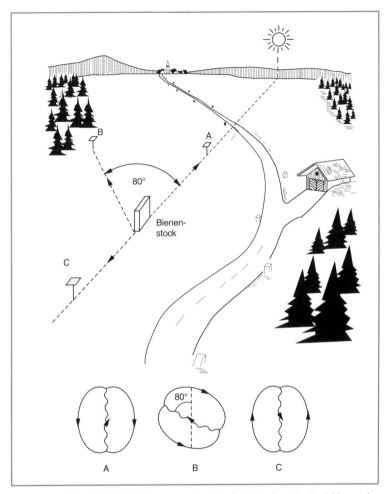

Abb. 84: Drei Beispiele für die Richtungsangabe beim Schwänzeltanz der Honigbiene auf der senkrechten Wabe. Der Schwänzeltanz dient für Richtungsangaben ab ca. 100 Metern Entfernung zur Futterquelle.

Die **Entfernung** zur Futterquelle teilt die Biene über die Geschwindigkeit ihres Tanzes mit. Je weiter die Futterquelle entfernt ist, um so langsamer fällt der Tanz aus. Bei der Honigbiene entspricht jedes Schwänzeln einer Strecke von ca. 50 Metern. Allerdings wird nicht die objektive Entfernung angegeben. Die Biene ermittelt die Entfernung vielmehr durch den **Energieverbrauch** beim Hinflug („Wie anstrengend war der Hinflug?"). Bienen, denen man im Versuch Stanniolfähnchen zur Erhöhung des Luftwiderstands aufklebte, gaben infolge des größeren Energieverbrauchs eine größere Entfernung an als

unpräparierte Sammlerinnen. Entsprechende Differenzen treten auch bei unterschiedlich starkem Wind auf: Bei Gegenwind gibt die Tänzerin eine größere Entfernung an, bei Rückenwind eine kürzere als bei Windstille. Die Messung des Energieverbrauchs geschieht durch Sensoren, die messen, wie viel des mitgeführten „Reiseproviants" in Form von Honig verbraucht wurde.
Was die **Ergiebigkeit** der Futterquelle angeht, gilt für Rund- und Schwänzeltanz, dass um so ausdauernder getanzt wird, je größer die Quelle ist.

Heimkehrende Honigbienen können ihren Stockgenossinnen wichtige Informationen über eine Futterquelle mittels zweier Tänze geben: Der **Rundtanz** gibt an, dass sich eine Futterquelle im Umkreis von ca. 100 m um den Bienenstock befindet. Der **Schwänzeltanz** wird bei Entfernungen ab ca. 100 m eingesetzt und gibt die Richtung, die genaue Entfernung und die Ergiebigkeit der Futterquelle an.

Der Schwänzeltanz besitzt in Bezug auf die Richtungsangabe einen hohen Komplexitätsgrad, weshalb man den Bienentanz auch oft Bienen„sprache" nennt. Im Vergleich zur menschlichen Sprache sind die Elemente des Bienentanzes jedoch von der unmittelbaren Realität abhängig und können unabhängig von der konkreten Situation von den Bienen nicht eingesetzt werden. Es ist einer Biene also nicht möglich, anderen Bienen davon zu berichten, dass sie „vorgestern Blüten mit außerordentlich leckerem Nektar" entdeckt hat. Die menschliche Sprache dagegen besitzt Zeichen, die eine willkürliche Bedeutung besitzen und unabhängig von einem festgelegten Verwendungszusammenhang einsetzbar sind.
Interessanterweise besitzt nicht nur die uns bekannte Honigbiene eine Tanzsprache, sondern auch Honigbienen anderer Arten tanzen und gebrauchen in etwa die gleichen Figuren. Trotzdem würden sich die unterschiedlichen Bienen kaum verstehen, da es bei Ihnen „Sprach"-unterschiede in ähnlicher Weise wie beim Menschen gibt. So führt z. B. die Indische Biene bereits bei zwei Meter entfernten Futterquellen einen Schwänzeltanz auf – sie macht also eine viel präzisere Angabe über die Lage der Futterquelle als die bei uns heimische Honigbiene.

3.2 Sprache bei Menschenaffen

Sprache ist die typische Verständigungsform des Menschen. Sie ermöglicht dem Menschen, Erfahrungen und Wissen auf einfache Weise an seine Mitmenschen weiterzugeben. Während beim Lernen durch Nachahmung ein Affe von einem anderen eine bestimmte Fertigkeit wie das Waschen von Süßkartoffeln oder das Öffnen einer Nuss mithilfe eines Steins abgucken muss, kann ein Mensch dies einfach mit Worten beschreiben: „Nimm eine Kartoffel, geh ans Wasser und wasche sie darin". Oder: „Wenn du eine Nuss knacken willst, dann nimm einen Stein als Unterlage und schlag mit einem anderen Stein auf die Nuss." Und ein Mensch kann auch noch einen Hinweis zur Sicherheit geben: „Pass beim Schlagen mit dem Stein aber auf, dass du dir nicht auf deine Finger schlägst."

Durch Sprache kann Information **unabhängig von der Situation und den benötigten Gegenständen** mitgeteilt werden. Kurzum: All die gegebenen Hinweise helfen auch dann, wenn sie erst eine Woche später gebraucht werden. Diese Freiheit in der Verwendung der menschlichen Sprache lässt sich zum Teil darauf zurückführen, dass Wörter prinzipiell eine willkürliche, nur durch **Konvention** festgelegte Bedeutung haben.

In den späten 40er-Jahren zog ein Psychologenehepaar das Schimpansenmädchen **Viki** wie ein Kind zu Hause auf. Wie einem Menschenkind versuchte das Ehepaar, ihm das Sprechen beizubringen. Trotz aller Mühen lernte Viki nach sieben Jahren harten Trainings nur ganze vier Wörter nachzusprechen, und auch die nur undeutlich: „mama", „papa", „cup" und „up". Das Ergebnis war wenig ermutigend – und bis zum Ende der 60er-Jahre war man in der Wissenschaft der felsenfesten Überzeugung, dass kein Tier über irgendeine ernstzunehmende Sprachfähigkeit verfüge.

Das änderte sich, als in den 60er-Jahren das Psychologenehepaar Allen und Beatrice Gardner einen neuen Versuch wagte. Anders als in den vorherigen Experimenten wollten sie einem Schimpansenmädchen keine Laut-, sondern die **Zeichensprache Ameslan** beibringen. Die Gardners vermuteten, dass die Sprechwerkzeuge der Menschenaffen gar keine menschlichen Laute produzieren konnten und die Versuche zuvor schlicht hieran gescheitert waren. 1966 „adoptierten" sie das in der Wildnis geborene, etwa ein Jahr alte Schimpansenmädchen **Washoe** und zogen es wie ein Menschenkind auf: Washoe war ständig von Menschen umgeben, lebte in einer menschlichen Behausung, schlief in einem Kinderbett, benutzte Dusche und Toilette, putzte sich die Zähne mit einer Zahnbürste, zog sich selbst an und aus, hatte Spielzeug, Bilderbücher und ein eigenes Fernsehgerät. Alle Menschen in ihrer Umgebung waren gehalten, sich nur in der Zeichensprache mit ihr zu unterhalten und keinerlei Lautsprache mit ihr zu sprechen.

Abb. 85: Beatrice T. Gardner übt mit der zweieinhalb Jahre alten Schimpansin Washoe das ASL-Zeichen für Trinken (links). Der dreijährige Schimpanse Tatu macht der sechsjährigen Moja das gleiche Zeichen (rechts).

Innerhalb von vier Jahren gelang dem Psychologen-Ehepaar ein erstaunlicher Erfolg: Washoe konnte 132 Zeichen spontan benutzen – und ein paarmal so viele verstehen. Washoe war mit diesem Wortschatz in der Lage, mit Menschen einfachste, knappe Dialoge zu führen. Vor allem schien Washoe auch in der Lage zu sein, **Symbole** und damit **Bedeutung neu zu schöpfen**: den ihr unbekannten Schwan nannte Washoe „Wasser-Vogel" und das ungeliebte Radieschen „Weinen-weh-tun-Frucht".

Symbol: Stellvertreter für Handlungen und Gegenstände, die im „Geist" von Sprecher und Zuhörer vorhanden sind.

Washoe hatte innerhalb von vier Jahren etwa das Sprachstadium eines 18 Monate alten Kindes erreicht. Spätere Experimente bestätigten die Ergebnisse der Gardners: Menschenaffen sind grundsätzlich in der Lage, eine einfache Sprache zu erlernen und sich mit ihr spontan zu verständigen.

Abb. 86: „Sprechender" Schimpanse, der sich der Zeichen Trinken (links) und Baby (rechts) der American Sign Language (ASL) bedient.

In den 70er-Jahren wurde jedoch noch einmal Kritik laut: Einige Menschenaffen könnten zwar einzelne Symbole erlernen, diese aber nicht zu neuen Sätzen kombinieren, um so neue Aussagen hervorzubringen. Kurzum, man bezweifelte, dass Menschenaffen über eine angeborene Syntaxfähigkeit verfügen. Was damit gemeint ist, sollen folgende Sätze veranschaulichen:

Syntax: griech. *syn* zusammen, *taxis* Stellung, Ordnung; die sinnvolle Verknüpfung von Symbolen untereinander.

- Das Jogurt, das der Junge isst, ist lecker.
- Das Mädchen, das der Junge liebt, ist nett.

Die Bedeutung des ersten Satzes kann man ohne grammatikalische Regeln vom Satzbau verstehen: Jungen essen Jogurt, Jogurt aber keine Jungen. Und nur Jogurt kann „lecker" sein, Jungen nicht. Im zweiten Satz kann sowohl der Junge das Mädchen als auch das Mädchen den Jungen lieben. Außerdem könnten beide „nett" sein. Nur die Abfolge der Wörter gibt die notwendigen Informationen zum Verständnis.

Die Kritik der Wissenschaftler wog insofern schwer, als ein wesentliches Merkmal von Sprache gerade darin besteht, eine begrenzte Zahl von Zeichen frei zu kombinieren und so eine beliebige Zahl von Aussagen neu zu schaffen. Menschenaffen scheinen hierzu – bei aller berechtigten Skepsis an den Ergebnissen – jedoch offensichtlich in der Lage zu sein.

Vor allem die Untersuchungen an den Schimpansen **Sherman, Austin** und dem Bonobo **Kanzi** werden allgemein als Durchbruch in dieser Hinsicht gewertet (Abb. 87). In diesen Untersuchungen arbeitete man nicht mit Ameslan, sondern mit einer **Computertastatur**, bei der die Tasten bestimmte Wörter symbolisieren und zu Sätzen kombiniert werden können. Ein erstaunliches Ergebnis der Versuche war, dass der junge Bonobo Kanzi die Tastatur-Sprache allein durch Zuschauen von anderen Tieren erlernte und auch gesprochene Worte und Sätze verstand. In einem Test wurden Kanzi 660 für ihn völlig neue Sätze, Fragen und Aufforderungen präsentiert – auf 74 % hiervon reagierte er korrekt. Die zweijährige Tochter einer wissenschaftlichen Mitarbeiterin brachte es hingegen nur auf 65 %.

Abb. 87: Der Schimpanse Austin (rechts im Bild) kommuniziert mit Sherman (links) über die Tastatur.

> Menschenaffen verfügen nicht über dasselbe ausgefeilte **Kommunikationssystem** wie Menschen, sie sind aber durchaus in der Lage, sich unter entsprechenden Bedingungen Grundzüge einer Sprache anzueignen. Einige Menschenaffen haben gezeigt, dass sie Symbole verwenden und neu schaffen können, sowie über ein „Gespür" für Syntax verfügen.

4 Das Gehirn und das Gedächtnis des Menschen

4.1 Sprachzentren und Lateralisierung

Hemisphäre: griech. *hemi* halb, *sphaere* Kugel

Eine wesentliche Voraussetzung der menschlichen Sprachfähigkeit stellt das Gehirn des Menschen dar. Das Gehirn des Menschen ist in eine **linke** und eine **rechte Hälfte** geteilt, die man auch **linke** und **rechte Hemisphäre** nennt. Es besteht eine enge Verknüpfung zwischen linker Hemisphäre und rechter Körperhälfte sowie zwischen rechter Hemisphäre und linker Körperhälfte („über Kreuz"). So werden z. B. die Bewegungen der rechten Hand von der linken Hemisphäre aus gesteuert und entsprechend umgekehrt.

Lateralisierung: Die Gehirnhälften üben unterschiedliche Funktionen aus.

Obwohl die Gehirnhälften prinzipiell einer Körperhälfte zugeordnet sind, unterscheiden sich die Gehirnhälften z. T. in ihrer Anatomie und in ihren Funktionen. So dominieren die Hemisphären ganz bestimmte körperliche und geistige Funktionen (man spricht auch von **Lateralisierung** bestimmter Funktionen oder von zerebraler Dominanz). Viele Funktionen, die mit der Sprache zusammenhängen, werden beispielsweise bei den meisten Menschen von der linken Hemisphäre dominiert: Ca. 95 % aller **Rechtshänder** und 85 % aller **Linkshänder** kontrollieren die **Sprache mit ihrer linken Gehirnhälfte**. Neuere Untersuchungsergebnisse deuten darauf hin, dass diese Spezialisierung bereits bei der Geburt existiert.

Brocasches Areal: Motorische Sprachregion im Frontallappen der linken Hemisphäre. Benannt nach dem franz. Chirurgen und Antrophologen Paul Broca (1824–1880).

Wernickesches Areal: Sensorische Sprachregion der linken Hemisphäre im Bereich der Schläfe.

Die entsprechenden Regionen in der linken Hemisphäre heißen nach ihren Entdeckern **Brocasches Areal** und **Wernickesches Areal** (Abb. 88). Welche Aufgaben diese Regionen innehaben, wird deutlich, wenn es z. B. durch einen Unfall zu einer Schädigung kommt: Eine Schädigung des Brocaschen Areals führt zu Schwierigkeiten beim **Sprechen**, eine Schädigung des Wernickeschen Areals verursacht Probleme beim **Verständnis von Sprache**.

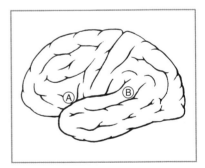

Abb. 88: Bezirke in der linken Gehirnhemisphäre, die wichtige Funktionen für das Sprechen und das Sprachverständnis haben: Brocasches Areal (A) und Wernickesches Areal (B). Miteinander verbunden sind diese Areale durch ein Bündel von Nervenfasern.

Aphasie: Unter dem Begriff fasst man verschiedene Störungen des Sprechens und Verstehens infolge einer Hirnschädigung zusammen.

Wernicke-Aphasie: Störung des Sprachverständnisses.

Plastizität: Die Fähigkeit des Gehirns, sich neu zu organisieren und ausgefallene Funktionen dadurch zu kompensieren.

Split-Brain-Patient: Person, bei der die Verbindung zwischen den Hemisphären (das Corpus callosum) durchtrennt wurde – meist um schwere epileptische Krämpfe zu lindern.

Patienten mit einer Sprachstörung im Brocaschen Areal (motorische Aphasie) verstehen zwar, was gesagt wird, doch haben sie große Mühe beim Sprechen. Sie äußern sich nur stockend und im Telegrammstil, grammatikalische Elemente der Sprache fehlen: „zwei Kinder ... ah weiß net ... ah Dosen". Brocas eigener Patient im Jahre 1861 konnte nur die Laute „tan-tan" herausbringen – weshalb man ihn mit Spitznamen auch „Tan" oder „Tan-Tan" nannte.

Patienten mit einer **Wernicke-Aphasie** (sensorische Aphasie) wiederum können Wörter zwar fließend artikulieren – nur ist es bei ihnen so, dass sie Wörter häufig völlig willkürlich zu einem merkwürdigen Kauderwelsch zusammenwürfeln. Diese Personen haben große Schwierigkeiten, Sprache zu verstehen. Eine typische Äußerung wäre: „Es ist so: gegenüber früher möcht ich erst einmal entschieden ... eh ein Unterschied ... heute besser als früher wollen wir gar nicht debattieren."

Obgleich linke und rechte Hemisphäre vielfach unterschiedliche Funktionen wahrnehmen, können nach einer Verletzung Aufgaben oft von der anderen Gehirnhälfte übernommen werden (Plastizität). So konnten Menschen, denen man in früher Kindheit die linke Hemisphäre entfernte, Sprachfertigkeiten in der rechten Hemisphäre entwickeln. Die Aussicht, dass verloren gegangene Funktionen von einer anderen Gehirnregion kompensiert werden, nimmt jedoch mit dem Alter immer mehr ab.

Ein Großteil des Wissens über die Spezialisierung der Hemisphären stammt aus Beobachtungen an Menschen, bei denen operativ die Verbindung zwischen den Hemisphären unterbrochen wurde. Diesen **Split-Brain-Patienten** wurde zur Behandlung der Epilepsie der Balken (Corpus callosum) durchtrennt. Einfache experimentelle Nachweise der **Hemisphärendominanz** stoßen hingegen auf enge Grenzen.

Hemisphärendominanz

Eine vergleichsweise einfache Möglichkeit, eine spezielle Fähigkeit der rechten Hemisphäre zu demonstrieren, gibt es für die menschliche Fähigkeit, Gesichter zu erkennen. Erstellt man aus einem Originalgesicht zwei Kunstgesichter aus jeweils zwei linken bzw. zwei rechten Gesichtshälften (eine Hälfte wird jeweils gespiegelt), kann man Versuchspersonen fragen, welches der beiden Gesichter dem Original ähnlicher sieht (Abb. 89).

Obwohl rein rechnerisch beide Kunstgesichter dem Original zu 50 % ähneln, weil diese exakt aus einer Hälfte neu gebildet wurden, bevorzugen die meisten Versuchspersonen das Gesicht, das aus zwei linken Gesichtshälften zusammengesetzt ist („links": vom Betrachter aus gesehen). Wie lässt sich dieser Befund erklären?

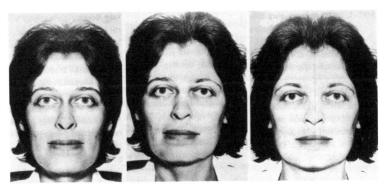

Abb. 89: Untersuchung der Hemisphärendominanz bei der Gesichtserkennung. Das Originalgesicht befindet sich in der Mitte, links und rechts sind Kunstgesichter aus jeweils zwei linken bzw. rechten Gesichtshälften zu sehen.

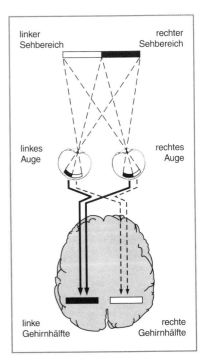

Verfolgt man den Weg der Bildinformation ins Gehirn, wird deutlich, dass die Informationen der linken Gesichtshälfte zuerst in die rechte Gehirnhälfte gelangen und die der rechten Gesichtshälfte zuerst in die linke Gehirnhälfte (Abb. 90). Offensichtlich tragen nun nicht beide Hemisphären gleichermaßen zum Gesamteindruck bei: Die rechte Hemisphäre dominiert die Wahrnehmung des Gesichts, sodass einem das Gesicht aus zwei linken Hälften ähnlicher erscheint. In einem anderen Test zur Hemisphärendominanz zeigt man Versuchspersonen links und rechts eines Fixpunktes mehrere Gesichter und überprüft, aus welcher Hälfte mehr Gesichter wiedererkannt werden. Auch hier zeigt sich, dass die rechte Gehirnhälfte dominiert: es werden durchschnittlich mehr Gesichter aus der linken als aus der rechten Bildhälfte erinnert.

Abb. 90: Verlauf der Information aus den Gesichtsfeldhälften über die Augen in die Gehirnhälften (schematische Darstellung). Die Informationen der linken Gesichtsfeldhälfte gelangen zuerst in die rechte Gehirnhälfte, die der rechten in die linke Gehirnhälfte.

4.2 Das Gedächtnis

Lernen ist ohne ein Gedächtnis unmöglich. Insofern sind alle Aussagen über das Lernen von Lebewesen auch Aussagen über das Gedächtnis. Man kann das menschliche Gedächtnis einerseits nach dem zeitlichen Informationsfluss und der Verweildauer beschreiben und andererseits nach der Art der aufbewahrten Information klassifizieren.

> Unter **Gedächtnis** versteht man die Fähigkeit, Informationen für kürzere oder längere Zeit abrufbar zu speichern.

Der zeitliche Informationsfluss

Nach gängiger Meinung stellt man sich das menschliche Gedächtnis in mehrere Abschnitte unterteilt vor (Abb. 91):
- das sensorische Gedächtnis
- das primäre Gedächtnis
- das sekundäre Gedächtnis
- das tertiäre Gedächtnis

Die ersten beiden Gedächtnisformen werden als **Kurzzeitgedächtnis**, die letzten beiden als **Langzeitgedächtnis** zusammengefasst.
Das **sensorische Gedächtnis** nimmt die wahrgenommenen Reize nur für sehr kurze Zeit auf und gibt sie zu einem kleinen Teil an das primäre Gedächtnis weiter – das Vergessen beginnt also unmittelbar nach der Wahrnehmung. Da im primären Gedächtnis ständig neue Informationen vom sensorischen Gedächtnis eintreffen, ist auch die Verweildauer im primären Gedächtnis recht kurz und beträgt nur wenige Sekunden bis Minuten. Durch ständiges Wiederholen können die Informationen aber nahezu beliebig lange im primären Gedächtnis erhalten werden.
Die Kapazität des **primären Gedächtnisses** beträgt ca. 7 ± 2 „Elemente". Mit anderen Worten: Eine willkürliche Reihenfolge von 7 Ziffern, etwa eine Telefonnummer, kann man sich relativ gut merken. Eine Folge von 10 oder mehr Ziffern zu behalten bereitet dagegen den allermeisten Menschen Schwierigkeiten. Man kann sich diesen Sachverhalt veranschaulichen, indem man die folgenden 7 Ziffern ein einziges Mal durchliest und diese dann versucht wiederzugeben: 4–7–6–2–3–1–5. Das gleiche probiert man dann mit dieser längeren Zahlenfolge aus: 3–1–5–8–6–2–6–4–1–9–7–2–8.

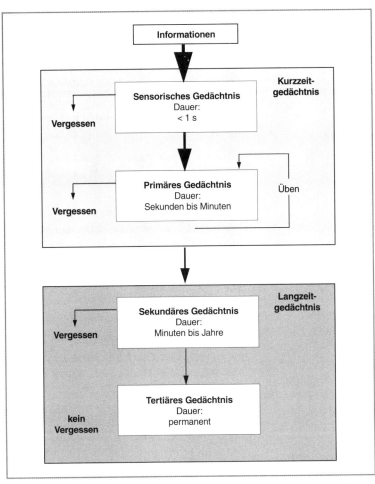

Abb. 91: Informationsfluss vom sensorischen über das primäre in das sekundäre und schließlich das tertiäre Gedächtnis. Der Großteil der vom sensorischen Gedächtnis aufgenommenen Information wird vergessen und nur ein sehr geringer Teil geht letztlich ins Langzeitgedächtnis über. Die Pfeile kennzeichnen die Weitergabe bzw. -leitung von Informationen.

chunk: engl. Klumpen, Brocken; bedeutungstragende Informationseinheiten des Gedächtnisses.

Die im primären Gedächtnis gespeicherten Informationen müssen allerdings nicht aus Ziffern oder Buchstaben bestehen. Informationen werden im Gedächtnis in Form von **sinnhaltigen Einheiten** gespeichert, die man auch als **„chunks"** bezeichnet. Eine beliebige Reihenfolge von mehreren Wörtern ist letztlich ähnlich schwer oder leicht zu behalten wie eine Reihenfolge von Ziffern. Wer versucht, nach einmaligem Durchlesen folgende Wörter korrekt hintereinander aufzusagen, wird ähnliche Schwierigkeiten wie bei den Ziffern haben: „eine

zufolge von mehreren sieben Untersuchungen Gedächtnis ca. wissenschaftlichen das Kapazität hat primäre Informationseinheiten". Wer hingegen einen **Zusammenhang** zwischen den Wörtern erfasst, dem wird es viel leichter fallen, die Wörter im primären Gedächtnis zu speichern und nach dem Durchlesen richtig wiederzugeben: „Mehreren wissenschaftlichen Untersuchungen zufolge hat das primäre Gedächtnis eine Kapazität von ca. sieben Informationseinheiten."
Durch diese Form der Bildung einer Informationseinheit in Form eines Satzes ist es möglich, relativ leicht 14 Wörter und 115 Buchstaben zu erinnern. Dieses Beispiel zeigt, dass eine Informationseinheit (ein „chunk") keine absolute, sondern eine **relative** Größe ist – und dass man durch geschicktes Bilden von sinnhaltigen Einheiten seine Gedächtnisleistungen erheblich steigern kann.

> Unter „**Chunking**" versteht man einen Prozess, bei dem Einzelinformationen zu umfassenderen Informationseinheiten zusammengefasst werden. Hierdurch kann die Menge der speicherbaren Informationen erheblich erweitert werden.

Vom primären Gedächtnis aus wird die – wiederum durch Vergessen reduzierte Informationsmenge – an das sekundäre Gedächtnis weitergeleitet.
Die Verweildauer im sekundären Gedächtnis wird derzeit auf einen Zeitraum von Minuten bis Jahre geschätzt. Die wenigen vom sekundären Gedächtnis ins tertiäre Gedächtnis weitergeleiteten Informationen bleiben schließlich dauerhaft erhalten. Die Übertragung vom sekundären ins tertiäre Gedächtnis kann durch Üben – also das Wiederholen der betreffenden Informationen – erleichtert werden. Um die Informationen des Langzeitgedächtnisses für das **Bewusstsein** verfügbar zu machen, müssen die Informationen zurück in das Kurzzeitgedächtnis übertragen werden.

Die umfassendsten Untersuchungen zur zellulären und molekularen Basis des Gedächtnisses sind bis heute an Tieren mit relativ einfachen Nervensystemen durch geführt worden. Derzeitiger Wissenstand ist, dass die Speicherung im Kurzzeitgedächtnis durch die Modifikation vorhandener Proteine und die Verstärkung bereits existierender synaptischer Verbindungen erreicht wird. Das Langzeitgedächtnis hingegen erfordert die Aktivierung bestimmter Gene, die Synthese von Proteinen und das Wachstum neuer Verbindungen.

Modifikation: Veränderung

Synthese: Herstellung

deklarativ: engl. *declare* aussagen

prozedural: engl. *procedure* Verhalten

Konditionierung
→ vgl. S. 71 ff.

Beschreibung nach dem Gedächtnisinhalt

Außer dass man das menschliche Gedächtnis nach der Dauer der Aufbewahrung der Inhalte unterteilt, kann man es auch nach der Art des gespeicherten Inhalts klassifizieren. Unterscheiden lassen sich das **Wissensgedächtnis** (auch explizites oder deklaratives Gedächtnis genannt) und das **Verhaltensgedächtnis** (auch implizites oder prozedurales Gedächtnis genannt).

Das Wissensgedächtnis speichert Faktenwissen, z. B. die verschiedenen Fakten, die in diesem Buch dargestellt sind. Der Gedächtnisinhalt des Wissensgedächtnisses steht uns bewusst zur Verfügung. Der Umstand, dass wir uns kaum an Ereignisse vor dem 4. Lebensjahr erinnern, hat mit der relativ späten Reifung dieser Gedächtnisform zu tun.

Das Verhaltensgedächtnis speichert bestimmte Fertigkeiten und z. B. durch Konditionierungsvorgänge Erlerntes. Während wir im Wissensgedächtnis „festhalten", wann wir gelernt haben, Fahrrad zu fahren, rufen wir aus dem Verhaltensgedächtnis ab, wie wir die Pedale treten müssen und wie wir das Gleichgewicht auf dem Fahrrad halten können. Im Verhaltensgedächtnis können Erfahrungen auch ohne Zutun des Bewusstseins gespeichert werden.

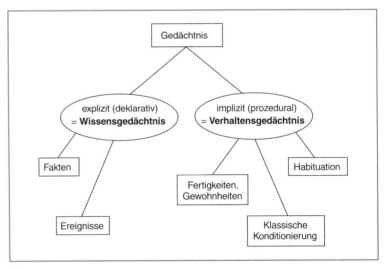

Abb. 92: Die Abbildung zeigt die Einteilung des menschlichen Gedächtnisses in ein Wissens- und ein Verhaltensgedächtnis.

Zusammenfassung

- **Höher entwickelte Tiere**, besonders Vögel und Säugetiere, verfügen über geistige Fähigkeiten, die ihnen den **Einsatz von Werkzeugen** ermöglichen. Beobachtungen haben gezeigt, dass zumindest einige Menschenaffen Werkzeuge in freier Natur selbst herstellen und somit ursächliche Zusammenhänge erkennen können.
- **Menschenaffen** besitzen ein **Selbstkonzept**, das ihnen ermöglicht, ihren Körper zu identifizieren. Einige Wissenschaftler nehmen an, dass Schimpansen auch über ein dem Menschen ähnliches Ich-Bewusstsein verfügen und sich in andere Lebewesen „einfühlen" können.
- **Bienen** verfügen über eine **angeborene Symbolsprache**, mittels derer sie den Standort einer Futterquelle bestimmen und ihren Artgenossinnen mitteilen können. Da die Bienen sich an dem Stand der Sonne orientieren, spricht man von Sonnenkompassorientierung. Unterschieden werden je nach Entfernung der Futterquelle der Rundtanz und der Schwänzeltanz. Die Entfernung bestimmen die Sammelbienen anhand des Energieverbrauchs beim Hinflug.
- Einige **Menschenaffen** verfügen potenziell über die **Fähigkeit, eine Symbolsprache zu verwenden**, und können Symbole in einfachen Strukturen sinnvoll miteinander verknüpfen, sodass eine gewisse Syntaxfähigkeit angeboren sein dürfte.
- Das **Gehirn des Menschen** weist eine anatomische wie funktionelle Gliederung in zwei Hemisphären auf. Bei den meisten Menschen befinden sich die für **Sprache** zuständigen Regionen in der linken Hemisphäre, andere Funktionen, z. B. die Fähigkeit zur Gesichtswahrnehmung, sind dagegen vorrangig in der rechten Hemisphäre lokalisiert.
- Das **Gedächtnis des Menschen** kann nach unterschiedlichen Gesichtspunkten betrachtet werden: Zum einen kann man eine Gliederung nach der Speicherzeit von Gedächtnisinhalten vornehmen (in Form einer Gliederung in Kurz- und Langzeitgedächtnis), zum anderen nach der Art des Gedächtnisinhalts (Gliederung in ein Wissens- und Verhaltensgedächtnis).

Evolution und Sozialverhalten

Es sei vorausgeschickt, dass ich die Bezeichnung „Kampf ums Dasein" in einem weiteren Sinne gebrauche, der seine Fähigkeit, Nachkommen zu hinterlassen, mit einschließt. Mit Recht kann man sagen, dass zwei hundeartige Raubtiere in Zeiten des Mangels miteinander kämpfen; aber man kann auch sagen, eine Pflanze kämpfe am Rande der Wüste mit der Dürre ums Dasein, obwohl man das ebensogut so ausdrücken könnte: sie hängt von der Feuchtigkeit ab. Von einer Pflanze, die jährlich Tausende von Samenkörnern erzeugt, von denen im Durchschnitt nur eines zur Entwicklung kommt, lässt sich mit noch viel größerem Rechte sagen, sie kämpfe ums Dasein mit jenen Pflanzen ihrer oder anderer Art, die bereits den Boden decken. (…)
Charles Darwin, *On the Origin of Species*, 1859

1 Einführung in die Soziobiologie

Die Soziobiologie ist ein vergleichsweise neuer Zweig der Verhaltensbiologie. Als Begründer gilt der amerikanische Insektenforscher **Edward C. Wilson** (geb. 1929), der im Jahre 1975 ein mehrere hundert Seiten starkes Werk mit dem Titel „Sociobiology: The New Synthesis" herausbrachte, das auch in der nichtfachlichen Öffentlichkeit für Aufsehen sorgte.

Gesamtfitness
→ vgl. S. 132

Verwandtenselektion
→ vgl. S. 134

klassische Ethologie
→ vgl. S. 8

Spieltheorie: Fachrichtung der Soziobiologie, die Verhaltensweisen unter dem Aspekt des Spiels betrachtet.

proximate Erklärung: Erklärung, die die nächstliegenden, unmittelbaren (physiologischen, psychologischen) Ursachen für eine Verhaltensweise angibt.

ultimate Erklärung: Tiefer liegende Erklärung, die angibt, weshalb sich eine Verhaltensweise im Prozess der Evolution von Generation zu Generation behaupten bzw. ausbreiten kann.

Die Soziobiologie befasst sich mit dem sozialen Verhalten von Mensch und Tier aus Sicht der Darwin'schen Evolutionstheorie. Sie ist als ein Teil und als eine Erweiterung der Evolutionsbiologie zu sehen. Eine Erweiterung stellt sie insofern dar, als die Untersuchung des sozialen Verhaltens in das Zentrum der Arbeit gestellt wurde und man das Konzept der Gesamtfitness und die Theorie der Verwandtenselektion neu entwickelte.

Ein wesentlicher Unterschied der Soziobiologie zur klassischen Ethologie besteht in der wissenschaftlichen Herangehensweise der Forscher. Die Soziobiologen verwenden relativ **abstrakte Modelle** in Form von **Kosten-Nutzen-Rechnungen**, die eher an wirtschaftliche Berechnungen als an Methoden der Verhaltensbiologie erinnern; außerdem bedienen sich die Soziobiologen vielfach der **Spieltheorie**, um menschliche und tierische Verhaltensweisen zu verstehen. Die der Soziobiologie innewohnende ökonomische Betrachtungsweise der Natur ist den Vertretern der klassischen Ethologie im Wesentlichen fremd. Daraus wird verständlich, warum viele Ethologen – obwohl sie in der Sache vielfach die gleiche Ansicht vertreten – der Soziobiologie ausgesprochen kritisch gegenüberstehen

Wichtig ist schließlich noch die inhaltliche Abgrenzung der Soziobiologie zur traditionellen Psychologie. Gegenstand der Psychologie sind Fragen, die sich auf **unmittelbare** Zusammenhänge beziehen, z. B.: Warum findet Marc gerade Sarah so attraktiv? Antwort: Sarah hat eine schlanke Figur, eine grazile Taille, eine schöne Haut und sie lacht viel. Die Soziobiologie fragt dagegen nach den **evolutionsbiologischen** Gründen des Verhaltens: Wieso wirken gerade diese Reize so wirksam auf Marc? Hatten Männer, die sich eine entsprechende Frau als Mutter ihrer Kinder wählten, Vorteile gegenüber Männern, die sich eine andere Frau suchten?

Die Fragestellungen der traditionellen **Psychologie** und der **Soziobiologie** widersprechen sich also nicht, sondern sie **ergänzen sich**, indem sie die Warum-Frage (Warum verhält sich ein Lebewesen „so" und nicht anders?) auf ganz anderer Ebene stellen. Die Psychologie sucht nach **proximaten**, die Soziobiologie nach **ultimaten** Erklärungen. Ergänzend muss hinzugefügt werden, dass sich mittlerweile in den USA eine neue Richtung der Psychologie etabliert hat: die so genannte **Evolutionspsychologie**. Die Evolutionspsychologie beschäftigt sich mit dem Verhalten des Menschen aus evolutionsbiologischer Sicht – insofern wird auch von Psychologen inzwischen mit soziobiologischen Methoden gearbeitet.

Die **Soziobiologie** versucht, das Verhalten von Menschen und Tieren als Anpassung an Umweltanforderungen zu erklären, mit denen die Vorfahren heute lebender Tiere und Menschen konfrontiert waren.

1.1 Gene steuern das Verhalten

Die meisten von uns können ohne größere Schwierigkeiten nachvollziehen, dass die Farbe ihrer Augen und viele ihrer gesundheitlichen Probleme Folgen ihrer Gene sind. Der Gedanke hingegen, dass ihr Verhalten ebenfalls mit ihren Genen zusammenhängen könnte, widerstrebt den meisten. Die Ursache hierfür dürfte nicht zuletzt emotionaler Natur sein: Menschen sehen sich nämlich ungern als „gengesteuerte", marionettenhafte Lebewesen. Aus wissenschaftlicher Sicht gibt es für diese globale Ablehnung aber letztlich keinen Grund. Selbst **Charles Darwin** ging bereits von einer Vererbung von Verhaltensweisen aus – auch wenn er das Verhalten nicht in das Zentrum seiner Forschungen stellte. Dass das Verhalten von Mensch und Tier erbbedingt ist, heißt selbstverständlich nicht, dass jegliches Verhalten allein als das Ergebnis der Gene zu sehen wäre. Doch es ist für das Verständnis der Soziobiologie wichtig, im Kopf zu behalten, dass Verhalten, und zwar auch komplexere Verhaltensmuster, vererbt werden kann. Wäre dies nicht so, könnten Verhaltensweisen in der Entwicklungsgeschichte nicht selektiert werden. Tatsächlich wissen wir alle aus der Tierzüchtung, dass sich nicht nur körperliche Merkmale, sondern eben auch Verhaltensweisen – z. B. bei Hunden – sehr gezielt herauszüchten lassen: Schäferhunde hüten die Schafherde, Spürhunde suchen Fährten, Terrier sind aggressiv und treiben kleinere Tiere aus ihren Bauten, und Spaniel sind freundliche, dem Menschen zugewandte Tiere. Trotz der immensen Unterschiede handelt es sich um eine Art und all diese Tiere können sich miteinander fortpflanzen.

Charles Darwin (1809–1882): Englischer Naturforscher und Begründer der Evolutionstheorie.

angeborenes Verhalten beim Menschen
→ vgl. S. 32

selektieren: auswählen

Art: Alle Individuen, die sich miteinander paaren und fruchtbare Nachkommen erzeugen können.

1.2 „Survival of the fittest" – Darwins Evolutionstheorie

Woran man bei der Formulierung „survival of the fittest" unweigerlich denkt, ist: Nur der Stärkste kommt durch. Denn der „Fitteste" ist nach allgemeinem Verständnis der körperlich Fitteste und damit auch der „Stärkste". Doch das ist nur sehr begrenzt zutreffend.

Im Grunde ließe sich sogar sagen, dass der Schluss – „nur der Stärkste kommt durch" – als Verallgemeinerung schlicht und ergreifend falsch ist. Denn die biologische Evolution begünstigt keinesfalls „Kraftprotze", und Charles Darwin selbst verstand den „Kampf ums Dasein" durchaus im übertragenen Sinn. Der Gedanke eines „perfekten Übermenschen" lässt sich dennoch kaum aus den Köpfen vertreiben.

Woran liegt das? Vermutlich daran, dass allgemein noch immer geglaubt wird, es gäbe von Natur aus „gut" oder „schlecht angepasste" Lebewesen – und zwar unabhängig von der jeweiligen Umwelt, in der sie leben. Ein schwächliches, ängstliches Kaninchen, das sich kaum ans Tageslicht traut, wird möglicherweise durch dieses Verhalten länger am Leben bleiben und mehr Nachkommen zeugen, als seine kräftigeren und waghalsigeren Artgenossen, die Raubtieren zum Opfer fallen. Oft entsteht der Eindruck, dass die natürliche Selektion zu immer perfekteren Lebewesen führen müsse. Die Bewertung, inwiefern Evolution tatsächlich zu einer „Perfektion" führt, hängt jedoch sehr stark davon ab, was man letztlich unter Perfektion versteht. Bei Kaninchen könnte dies ein furchtsames und schreckhaftes Wesen sein.

In der **Evolution** ist unabhängig von den Umweltbedingungen keine bestimmte Eigenschaft für ein Individuum an sich vorteilhaft oder nachteilig. Die **natürliche Selektion** belohnt faktisch nur eins: nämlich die erfolgreiche Weitergabe eigener Gene an die nächsten Generationen – wie auch immer das erreicht wird. Die Formulierung „survival of the fittest" müsste demnach eigentlich „survival of the most fertile" (Überleben des Fruchtbarsten) heißen. Der evolutionäre Erfolg eines Individuums bemisst sich demnach zunächst einmal nach der Zahl seiner fortpflanzungsfähigen Nachkommen, also in seinem **Reproduktionserfolg**. Wie später noch gezeigt wird, beschränkt sich die Fitness jedoch nicht auf die Produktion eigener Nachkommen, sodass der Reproduktionserfolg nicht grundsätzlich mit dem Begriff der Fitness gleichgesetzt werden kann.

Unter **Fitness** versteht man den genetischen Beitrag eines Individuums zur nächsten Generation. Diese Fitness dient als Maß der biologischen Angepasstheit.

„Kraftprotz" → vgl. Zitat, S. 119

natürliche Selektion: Unterschiede zwischen Individuen führen in der Natur dazu, dass diese sich mit unterschiedlichem Erfolg fortpflanzen. Die „Erfolgreichen" werden „ausgelesen" (selektiert).

Fitness → vgl. S. 132

Formen von Fitness
→ vgl. S. 132

Ein Individuum mit zwei Nachkommen besitzt – vereinfacht gesagt – eine größere Fitness als ein Individuum mit nur einem.
Wichtig hierbei ist: **Maßgeblich für die Fitness sind** letztlich nicht die absoluten Zahlen, sondern **die Werte in Relation zu anderen**. Denn nur die Relationen bestimmen, zu welchen Teilen „meine" Gene in der nächsten Generation vorhanden sind – das heißt, dass der Anteil eigener Gene in der nächsten Generation dadurch erhöht werden kann, dass der Beitrag anderer vermindert wird. Konkret: Habe ich drei Kinder und alle anderen im Durchschnitt vier, werden meine Gene in der nächsten Generation weniger häufig vorkommen. Haben aber alle anderen durchschnittlich nur zwei Kinder, so erhöht sich der Anteil meiner Gene in der nächsten Generation.

Mit **Genpool** bezeichnet man die Gesamtheit der Gene bzw. Allele einer Population.

Wenn eine **genetisch bedingte Verhaltensweise** dem betreffenden Individuum Fitnessvorteile bietet, breitet sich das entsprechende Gen im Genpool der Population aus.

Darwins Theorie der Evolution durch **natürliche Selektion** (natürliche Auslese) besagt, dass Organismen, die in Relation zu anderen Lebewesen besser an ihre Umwelt angepasst sind, langfristig mehr Nachkommen haben werden als ihre Artgenossen. Mit der Zeit werden diese Organismen immer zahlreicher vertreten sein, die weniger gut angepassten hingegen werden in Relation seltener – oder sterben sogar aus. Im Grunde genommen ist dieses Prinzip weniger biologisch als mathematisch, weshalb es sich letztlich jeder Diskussion entzieht.
Weil Darwin den Menschen in seine Theorie der Evolution mit einbezog, zog er den Spott seiner Zeitgenossen auf sich (Abb. 93).

Abb. 93: Eine nicht sehr wohlmeinende zeitgenössische Darstellung Darwins mit verächtlicher Bildunterschrift: „Ein ehrenwerter Orang-Utan – ein Beitrag zur Un-Naturkunde".

Variabilität: Verschiedenartigkeit der Individuen einer Art.

Die Basis für den Mechanismus der natürlichen Selektion ist, dass sich die Individuen einer Art zumindest in einigen ihrer erblichen Merkmale unterscheiden, – man spricht hier von **Variabilität** unter den Individuen einer Art.

Die drei zentralen Phänomene der Darwin'schen Evolutiontheorie sind zusammengefasst:
- **Variabilität:** Artgenossen unterscheiden sich in ihren Merkmalen.
- **Erblichkeit:** Merkmale werden durch Weitergabe des Erbguts von Eltern auf ihre Nachkommen vererbt.
- **Unterschiedlicher Fortpflanzungserfolg durch Selektion:** Einige Individuen hinterlassen aufgrund ihrer individuellen Merkmale und der daraus resultierenden unterschiedlich guten Anpassung an die Umwelt mehr Nachkommen als andere.

1.3 Gruppenselektion contra Individualselektion

Ethologie → vgl. S. 8

Die Vertreter der klassischen Ethologie waren der Ansicht, dass Tiere sich vorrangig so verhalten, dass ihr Verhalten der Gruppe und damit dem **Artwohl** dient. Eine Gruppe, deren Angehörige bereit sind, ihre Lebens- und Fortpflanzungsinteressen für das Wohl der Gruppe zurückzustellen, wird danach eher überleben als eine Gruppe selbstsüchtiger Individuen. Ein Verhalten von Tieren, das sich gegen das Wohl der Gruppe richtet, ist aus dieser Sicht gesehen „abnorm" oder „krank". Der dieser Theorie zugrunde liegende Selektionsmechanismus ist die **Gruppenselektion**.

Gruppenselektion bedeutet, dass ein Verhalten von der Selektion begünstigt wird, das der Gruppe bzw. Art nutzt, selbst wenn Individuen infolge ihres Verhaltens Nachteile erleiden.

Soziobiologen dagegen gehen von einer **Individualselektion** aus. Der Kerngedanke der Individualselektion ist, dass jedes Individuum „bemüht" ist, möglichst viele seiner Gene in die nächste Generation einzubringen. Bei Konflikten zwischen den Interessen der Gruppe und den eigenen wird ein Individuum in erster Linie seine eigenen Ziele verfolgen – auch zum Schaden der Gruppe bzw. der Art.

Individualselektion bedeutet, dass die Selektion das Verhalten von Individuen begünstigt, die eine möglichst große Fitness anstreben.

Mittlerweile gehen die meisten Biologen davon aus, dass die Selektion auf der Ebene des Individuums ansetzt (was auch schon Darwin tat). Warum das so ist, lässt sich anhand des Verhaltens der Lemminge veranschaulichen (Abb. 94):
Wenn im späten Winter die Nahrung rar wird, beginnen die Lemminge zu wandern und eilen in großen Gruppen vorwärts. Ein Teil dieser Lemminge stürzt sich willig in die „wässrigen Fluten" und nimmt sich so das Leben. Die Erklärung für dieses Verhalten gemäß der Gruppenselektion ist, dass die „todesmutigen" Lemminge angesichts knapper Nahrungsressourcen wenigstens einigen wenigen Tieren ihrer Art das Überleben sichern wollen.

Abb. 94: Bei Lemmingen treten in regelmäßigen Abständen Massenwanderungen auf.

Die Soziobiologen bezweifeln diese Erklärung. Sie fragen: Was würde passieren, wenn ein Tier unter den Lemmingen mutierte und statt an das Gemeinwohl nur egoistisch an sein eigenes Überleben dächte? Die **zentrale Kritik** der Soziobiologen ist demnach: Wenn die Aufopferungsbereitschaft genetisch verankert ist, wie kann sie sich auf längere Sicht in einer Gemeinschaft erhalten? Da nur die Überlebenden ihr Erbmaterial weitergeben, würden die „selbstmörderischen" Lemminge immer weniger und schließlich aussterben. Ein solches Verhalten hätte daher evolutiv gar nicht entstehen können.

Obwohl dieses Argument große Überzeugungskraft besitzt, muss doch angemerkt werden, dass es noch Verhaltensweisen in der Natur gibt, die sich augenscheinlich mithilfe der Gruppenselektion und nicht mit der Individualselektion erklären lassen. Die Soziobiologen gehen allerdings davon aus, dass sich diese Fälle zukünftig auch mit der Theorie der Individualselektion in Einklang bringen lassen werden. Das Beispiel der Lemminge gibt den Soziobiologen jedenfalls Recht, denn dass Lemminge sich absichtlich für ihre Artgenossen in die Fluten stürzen, gehört mittlerweile ins Reich der Anekdoten – tatsächlich scheint es sich bei den Massenwanderungen um echte Unfälle zu handeln.

Lemminge sind ca. 15 cm große und etwa 45 g schwere Wühlmäuse. Sie ernähren sich von Flechten, Moosen, Rinden und Knospen. Alle 3 bis 4 Jahre sind Massenvermehrungen zu beobachten.

So lässt sich z. B. die Selektion auf eine bestimmte Lebensdauer bei Augenspinnern *(Satumidae)* derzeit nur mit der **Gruppenselektion** in Einklang bringen.

2 Vom Nutzen der Gemeinschaft

2.1 Kooperation – beidseitiger Nutzen ohne Kosten

Unterschied zum reziproken Altruismus
→ vgl. S. 128

Kooperatives Verhalten zeichnet sich dadurch aus, dass alle Beteiligten von der Zusammenarbeit einen Nutzen haben („gemeinsam sind wir stärker"), ohne dass einer Seite Kosten entstehen. Da durch die Zusammenarbeit alle einen Fitnessgewinn erzielen, spielt die Verwandtschaft der Tiere untereinander für das Kooperieren keine zentrale Rolle. Viele Tiere kooperieren mit Artgenossen, um zu verhindern, dass sie einem Räuber zum Opfer fallen. Dabei gilt zunächst das Prinzip, dass **„viele Augen mehr sehen als zwei"**, die kooperierenden Tiere also einander relativ früh vor einem Angreifer warnen können.

Herde: Ein mehr oder weniger koordinierter Verband bei Huftieren.

Schwarm: Ähnlicher Zusammenschluss wie die Herde, allerdings bezieht sich der Begriff auf Insekten, Vögel und Wassertiere.

Nähert sich nun ein Räuber, schließen sich interessanterweise viele Tiere zu dichten **Herden** oder **Schwärmen** zusammen – allerdings meist nicht, um den Räuber gemeinsam zu bekämpfen. Welchen Vorteil der Zusammenschluss in einer Herde oder einem Schwarm gegenüber einem Angreifer bietet, sei am Modell der „egoistischen Herde" erläutert (Abb. 95): Grasende Rinder haben sich unregelmäßig in der Steppe verteilt. In der Nähe der Rinder befinden sich Löwen, die sich im Schutz hohen Grases anzuschleichen versuchen. Was werden die Rinder tun, wenn sie durch den Geruch der Löwen alarmiert sind, aber nicht wissen, aus welcher Richtung die Gefahr droht? Ein Rind könnte weglaufen – da das Rind aber nicht weiß, wo sich die Löwen befinden, könnte es direkt auf einen Räuber zulaufen. Statt nun einfach stehenzubleiben, können die Rinder aber dadurch, dass sie sich einander annähern, ihr Risiko mindern.

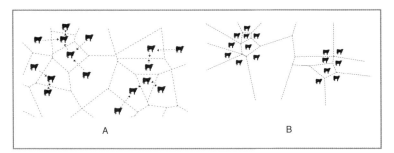

Abb. 95: Droht Rindern Gefahr, ohne dass die Tiere wissen, woher der Räuber kommt, streben sie dichter zusammen (A) und reduzieren dadurch die Größe ihrer individuellen Gefahrenzone (B). Die Gefahrenzonen sind mit punktierten Linien dargestellt (man bildet sie, indem jeweils die Abstände zwischen den Rindern halbiert werden).

Evolution und Sozialverhalten

Wie ist das zu erklären? Um jedes einzelne Rind herum gibt es eine individuelle **Gefahrenzone** – hält sich ein Löwe in dieser Zone auf, wird er dieses Rind angreifen, weil es ihm am nächsten ist. Diese Gefahrenzonen der Rinder sind in Abbildung 95 A eingezeichnet.

Um das eigene Risiko zu vermindern, ist das Rind bestrebt, seine Gefahrenzone zu verkleinern. Dies erreicht es, indem es sich auf das Nachbartier zu bewegt. Wenn alle Rinder sich auf diese gleiche Weise verhalten, entstehen wenige geschlossene Herden (Abb. 95 B). Das Risiko, vom Angreifer erbeutet zu werden, ist für jedes einzelne Tier auf diese Weise geringer als zuvor. Zwar sind in einer solchen Herde die Individuen am Rand durch einen Angriff stärker gefährdet als die in der Mitte, doch ziehen auch diese Tiere noch einen Vorteil aus ihrer Kooperation, da ein Räuber ungern geschlossene Gruppen angreift. Denn bei einem Angriff laufen alle Tiere wild durcheinander und erschweren es so dem Angreifer, sich auf ein bestimmtes Tier zu konzentrieren und dieses zu überwältigen. Dieser **Konfusionseffekt** ist umso größer, je kleiner die Abstände zwischen den Individuen sind. Hinzu kommt, dass bei größeren Herden für den Angreifer ein beträchtliches Verletzungsrisiko durch die flüchtenden Tiere besteht.

Konfusionseffekt: Durch das Durcheinander, das entsteht, wenn viele Tiere gleichzeitig flüchten, wird es einem Räuber erschwert, sich auf ein einzelnes Beutetier zu konzentrieren.

> Unter **Kooperation** versteht man eine gegenseitige Hilfeleistung, bei der **alle** beteiligten Individuen einen Vorteil haben, **ohne** dass damit **Kosten** verbunden wären.

Räuber (Prädatoren): Lebewesen, die andere töten, um sich von ihnen zu ernähren. Räuber können sowohl Tiere als auch Pflanzen (carnivore, als fleischfressende, Pflanzen) sein.

Eine Kooperation von zwei oder mehr Tieren ist aber nicht nur für Beutetiere nützlich, sondern kann auch für **Räuber** von Vorteil sein. Der Nutzen einer Kooperation besteht z. B. darin, dass unter bestimmten Bedingungen Individuen gemeinsam mehr oder auch größere Beute machen können, als wenn sie alleine jagen. So jagen Hyänen in der Gruppe Tiere, die sie wegen ihrer Größe allein niemals erbeuten könnten. Und Lachmöwen sind beim Fischfang deutlich erfolgreicher, wenn sie in Gruppen von sechs Tieren Fischschwärme jagen (Abb. 96).

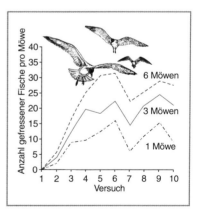

Abb. 96: Lachmöwen sind bei der Jagd erfolgreicher, wenn sie in Gruppen von sechs Tieren jagen.

2.2 Altruismus – Helferverhalten mit Kosten

Die Welt Darwins ist eine Welt des harten Wettbewerbs: Die Lebewesen, die mehr Nachkommen haben als andere, tragen den evolutionären Gewinn davon und können ihre Gene zahlreicher an die nächste Generation weitergeben als die weniger „tüchtigen". Denn das einzige, was aus Sicht der Evolution zählt, ist die Weitergabe der eigenen Gene. Wie kann man sich unter solchen Umständen erklären, dass Lebewesen anderen auf Kosten der eigenen Fortpflanzung helfen?

Kosten und Nutzen bemessen sich an der Zahl der weitergegebenen Gene.

Unter **Altruismus** versteht man ein hilfreiches Verhalten, das die Fitness des Nutznießers steigert und die des Helfenden senkt.

Zumindest bei oberflächlicher Betrachtung sollte man auch unter den Tieren einen „Kampf" jeder gegen jeden erwarten – tatsächlich ist das aber nicht der Fall. Wie kann dies im Einklang mit den Mechanismen der Evolution erklärt werden? Wieso erweist sich eine für das Individuum allem Anschein nach nachteilige Verhaltensweise als evolutionsstabil? Die Soziobiologen geben auf diese Frage mehrere Antworten:

*Als **evolutionsstabile Verhaltensweise** oder **Strategie** bezeichnet man eine Verhaltensweise, die in der natürlichen Auslese nicht ausgemerzt wird.*

2.3 Reziproker Altruismus (Reziprozität)

Die naheliegendste Erklärung für das Vorkommen uneigennützigen Verhaltens **unter Nichtverwandten** ist, dass das betreffende Verhalten nur oberflächlich betrachtet uneigennützig erscheint. Tatsächlich lässt sich bei genauerem Hinsehen erkennen, dass der vermeintlich oft selbstlose Helfer selbst einen Nutzen aus seinem Verhalten zieht, und zwar im Sinne von „eine Hand wäscht die andere". Im Unterschied zu kooperativem Verhalten **entstehen** für eine Seite zumindest kurzfristig **Kosten**, bei kooperativem Verhalten ist dies nicht der Fall.

reziprok: lat. reciprocus wechselseitig, gegenseitig

Beim **reziproken Altruismus** nimmt ein nichtverwandter Helfer kurzzeitig einen Fitnessnachteil in Kauf, um langfristig gesehen einen Fitnessvorteil zu erzielen.

Wechselseitige Hilfeleistungen basieren zudem darauf, dass der Helfer durch sein Handeln relativ wenig Kosten hat, der Empfänger aber durch die Hilfeleistung vergleichsweise viel gewinnt. Für die Entstehung des reziproken Altruismus ist es entscheidend, dass **zwischen**

nicht verwandten Individuen eine gewisse Vertrautheit besteht. Das setzt auf der anderen Seite freilich voraus, dass Individuen unterschieden und **wiedererkannt** werden können – für den Menschen trifft das eindeutig zu. Denn ein beträchtlicher Teil unseres Gehirns dient dazu, Gesichter wiederzuerkennen. So konnte gezeigt werden, dass Menschen, die sich 34 Jahre nicht gesehen hatten, sich zu 90 % identifizieren konnten.

Ein solches Wiedererkennen reduziert auch das Risiko „betrogen" zu werden. Denn ohne ein persönliches Kennen und ein leistungsstarkes Gedächtnis bestünde keine Notwendigkeit, einen Gefallen „zurückzuzahlen". Eine Schwierigkeit, die sich bei der Untersuchung gegenseitiger Hilfeleistungen ergibt, ist, dass sich diese zumeist nicht einfach in bezifferbare Fitnessvor- und Fitnessnachteile umrechnen lassen. Insofern bleiben Aussagen über Kosten und Nutzen – trotz der engen Definition – häufig vergleichsweise ungenau.

> **Reziproker Altruismus** ist durch drei Merkmale gekennzeichnet:
> - Das Verhalten muss dem **Empfänger nützen**, indem es seine Fortpflanzungschancen erhöht und gleichzeitig die des Hilfeleistenden vermindert.
> - Die Hilfeleistung muss prinzipiell **erwidert werden**.
> - Zwischen der Hilfeleistung und ihrer Erwiderung liegt **eine gewisse Zeitspanne**, sodass zumindest kurzfristig für eine Seite Kosten entstehen.

Reziproker Altruismus bei Vampirfledermäusen

In der sozialen Evolution der Vampirfledermäuse hat der reziproke Altruismus eine ganz entscheidende Rolle gespielt.

Vampirfledermäuse leben in Gruppen von etwa acht bis 12 Weibchen und deren abhängigen Nachkommen. Nachts verlassen die Tiere ihren Schlafplatz, um an Rindern und Pferden Blut zu saugen. Jedes Individuum muss in gleichem Maße damit rechnen, ohne eine Mahlzeit zu seinem Rastplatz zurückzukehren: etwa ein Drittel der Jungtiere und sieben Prozent der erwachsenen Tiere sind in einer Nacht nicht erfolgreich. Da Vampirfledermäuse bereits nach drei Tagen ohne Nahrung verhungern, bedeutet schon der einmalige Misserfolg eine ernste Lebensbedrohung. Dieser Bedrohung begegnen die Tiere durch gegenseitige Hilfe (Abb. 97): Die erfolgreichen Tiere würgen einen Teil ihres Mageninhalts für die Erfolglosen hoch und sichern so deren Überleben. Angesichts der lebensbedrohlichen Lage ist der Nutzen für den Empfänger der Hilfeleistung größer als der Verlust für den Geber.

Die Frage, die sich Soziobiologen stellt, ist: Wer hilft wem? Ein Ergebnis ist: Unter Nichtverwandten spielt die **Vertrautheit** der Tiere eine sehr große Rolle. Keine Vampirfledermaus wird einer anderen helfen, wenn diese nicht regelmäßig denselben Schlafplatz aufsucht. Offensichtlich wird nur denjenigen Artgenossen geholfen, von denen selbst zukünftig einmal eine Hilfeleistung zu erwarten ist (Abb. 98). Förderlich dürfte bei Vampirfledermäusen in dieser Hinsicht die recht hohe Lebenserwartung von bis zu 18 Jahren sein, die einen fruchtbaren Nährboden für lang andauernde Beziehungen darstellt. Da der Nutzen der Hilfeleistung für den Empfänger jeweils größer ist als der Verlust für den Geber, kommt es bei wiederholter gegenseitiger Hilfeleistung zu einem Nettogewinn für beide Tiere.

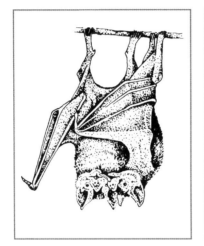

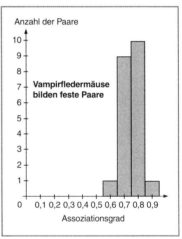

Der **Assoziationsgrad** gibt die durchschnittliche Wahrscheinlichkeit an, dass zwei Fledermäuse denselben Schlafplatz aufsuchen.

Abb. 97: Nichtverwandte Vampirfledermäuse helfen anderen Tieren mit Blut aus, wenn diese regelmäßig mit ihnen den Schlafplatz teilen.

Abb. 98: Die Abbildung zeigt, dass Vampirfledermäuse sehr häufig mit demselben Artgenossen einen Schlafplatz teilen. Vertrautheit scheint eine wichtige Voraussetzung für eine Hilfeleistung zu sein.

Exkurs: Das (wiederholte) Gefangenendilemma

Spieltheoretiker haben sich mit der Frage beschäftigt, weshalb wechselseitige Hilfeleistungen nicht immer durch **betrügerische Individuen** unterlaufen werden. Mit anderen Worten: Weshalb passiert es nicht, dass Tiere eine Hilfeleistung annehmen, eine Gegenleistung aber schuldig bleiben? Spieltheoretiker haben hierzu folgende Spielsituation konstruiert, die unter dem Namen **Gefangenendilemma** bekannt geworden ist:

Zwei Männer werden unter dem Verdacht, gemeinschaftlich ein Verbrechen begangen zu haben, inhaftiert. Der Gefängnisdirektor verhört beide getrennt und fordert jeden einzeln auf, den anderen zu verraten und als „Kronzeuge" gegen ihn auszusagen. Als Belohnung winkt dem Verräter die Freiheit (im Spiel gibt es hierfür 5 Punkte, Abb. 99), demjenigen, der schweigt, droht eine längere Gefängnisstrafe (0 Punkte). Gestehen jedoch beide und sagen gegeneinander aus, will der Direktor dagegen erwirken, dass ihre bisherige Strafe von vier Jahren auf acht Jahre verlängert wird (1 Punkt). Wenn beide zusammenarbeiten und sich weigern auszusagen, gibt es nicht genügend Beweismaterial und die Strafe beträgt vier Jahre (jeweils 3 Punkte).

Das Dilemma für die beiden Männer besteht darin, dass Absprachen nicht möglich sind und keiner von beiden weiß, wie der andere sich verhalten wird: Wird er versuchen zu betrügen oder zu kooperieren?

Wird das Spiel mehrfach gespielt, ohne dass die Spieler wissen, wann es zu Ende ist, zahlt sich seine Zusammenarbeit aus:

Zwar ist der Gewinn relativ gering, langfristig gesehen erzielen aber beide einen Vorteil aus der Zusammenarbeit. In einem Computerturnier ergab sich, dass die beste Spiel- und Verhaltensstrategie hierfür „tit for tat" ist. Fazit: Wer kooperiert, scheint auch langfristig seine eigenen Interessen am besten zu vertreten.

„tit for tat": engl. wie du mir, so ich dir

In der relativ anonymen Massengesellschaft hingegen besteht im Alltag die Gefahr, dass immer mehr Individuen sich für den einmaligen Verrat zu ihren Gunsten entscheiden – angesichts der Anonymität der Beziehungen zahlt sich dieses Verhalten für einen zunehmenden Teil von Personen aus („Schwarzfahrer").

Mithilfe dieses Modells lässt sich jedoch prinzipiell nachvollziehen, wie sich reziproker Altruismus nach einem ersten Auftreten unter egoistisch agierenden Individuen etablieren konnte.

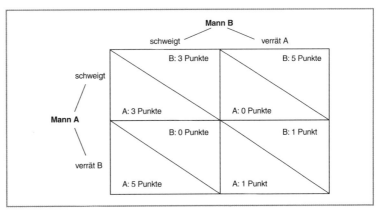

Abb. 99: Spieltheoretisches Schema des Gefangenendilemmas. Die Zusammenarbeit (beide schweigen) zahlt sich im Spiel längerfristig aus.

Evolution und Sozialverhalten

2.4 Nepotistischer Altruismus oder: das Modell der Verwandtenselektion

William D. Hamilton revolutionierte 1964 die Evolutionsbiologie durch seine Theorie der indirekten Fitness.
Verwandtenselektion wird auch **Sippenselektion, Vetternwirtschaft, Nepotismus** oder engl. *kin selection* genannt.

Der Wissenschaftler William D. Hamilton veröffentliche 1964 sein Modell der **Verwandtenselektion**. Nach diesem Modell wird Verwandten in Abhängigkeit ihres Verwandtschaftsgrades geholfen – je enger der Verwandtschaftsgrad, um so wahrscheinlicher ist eine Hilfeleistung. Etwas laxer formuliert könnte man auch sagen: In der Evolution ist „Blut dicker als Wasser". Diese Form von Altruismus wird daher auch **nepotistischer Altruismus** genannt.

Nepote: lat. *nepos* Enkel, Verwandter

Beim **nepotistischen Altruismus** nimmt ein Individuum Nachteile bei der eigenen Fortpflanzung in Kauf, um dadurch die Fortpflanzungschancen von Verwandten zu erhöhen.

„r": engl. *relationship* Verwandtschaftsgrad

In der Soziobiologie gibt man den Verwandtschaftsgrad von Individuen mithilfe des **Verwandtschaftskoeffizienten „r"** an. Dieser Verwandtschaftskoeffizient ist ein Maß für den Anteil gemeinsamer Gene und besitzt keine Einheit. Er wird folgendermaßen berechnet: Zwischen Eltern und Kindern besteht der Verwandtschaftskoeffizient 0,5 (sie teilen die Hälfte der Gene), zu Vollgeschwistern im Durchschnitt ebenfalls 0,5 und zu Enkeln beträgt er 0,25 usw. Einen Sonderfall stellen eineiige Zwillinge dar, da sie in genetischer Hinsicht identisch sind (Abb. 100).

eineiige Zwillinge:
→ vgl. S. 48

Lebewesen richten ihr Verhalten nun so aus, dass sie diejenigen unterstützen, mit denen sie die meisten Gene gemein haben. Sie sorgen so **indirekt** dafür, dass ihre Gene in nachfolgenden Generationen häufiger vorkommen, weshalb man hier von **indirekter Fitness** spricht.

indirekte Fitness: Der genetische Beitrag zur nächsten Generation durch Unterstützung von Verwandten, die nicht eigene Nachkommen sind.
direkte Fitness: Der genetische Beitrag eines Individuums zur Nachkommenschaft durch eigene Fortpflanzung.

Direkte und indirekte Fitness ergeben zusammen die **Gesamtfitness** *(inclusive fitness)* eines Individuums. Der Wert für die Gesamtfitness errechnet sich mithilfe des Verwandtschaftskoeffizienten aus
- der Zahl eigener Nachkommen plus
- der Zahl der Nachkommen verwandter Tiere, denen geholfen wurde (wobei diese ohne diese Hilfeleistung nicht existieren würden).

Evolution und Sozialverhalten

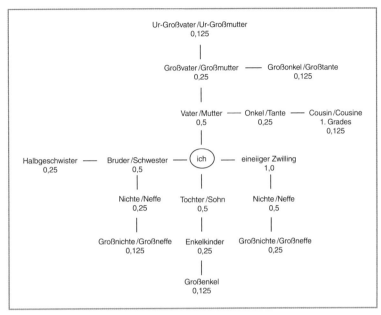

Abb. 100: Verwandtschaftsgrade beim Menschen, angegeben als Verwandtschaftskoeffizient (r) in Relation zur eigenen Person („ich").

Eltern werden nun in erster Linie ihrem eigenen Kind helfen, bevor sie einen Enkel unterstützen. Allerdings sind die Verwandtschaftsverhältnisse und das sich hieraus ergebende Verhalten nicht immer so leicht zu überschauen wie in diesem Beispiel. Kompliziert wird es im folgenden Fall:
Steht ein Mensch vor der Wahl, entweder seinem eigenen Kind oder seinen drei Enkelkindern das Leben zu retten, muss er eine schwierige Entscheidung treffen. Nach dem Modell der Verwandtenselektion sollte er seine Enkelkinder retten. Denn die Kosten für den Verlust seines Kindes liegen bei 0,5 (1 · 0,5), der indirekte Fitnessgewinn dagegen bei 0,75 (3 · 0,25). Durch die Entscheidung für die Enkelkinder ergäbe sich somit ein genetischer Nettogewinn von 0,25.
Eine andere Schwierigkeit ergibt sich, wenn der Verwandtschaftsgrad gleich groß ist: Obwohl eine Mutter genauso eng mit ihrer Schwester wie mit ihrer neugeborenen Tochter verwandt ist, sind beide im Hinblick auf die Fitness nicht gleich wertvoll – hier reicht also der Grad der Verwandtschaft als Entscheidungskriterium, wem vorrangig zu helfen ist, nicht aus. Maßgeblich ist hier, von wem potenziell die größere Zahl von Nachkommen noch zu erwarten ist (reproduktiver Wert). Dies ist offensichtlich die jüngere der beiden Frauen.

Der **reproduktive Wert** gibt an, wie viele Nachkommen ein Lebewesen noch erwarten kann.

Evolution und Sozialverhalten

Um Missverständnissen an dieser Stelle vorzubeugen: Es wird **keineswegs** in der Soziobiologie vorausgesetzt, dass Menschen oder Tiere derartige **Kalkulationen bewusst vornehmen**. Was aus Sicht dieser Modellvorstellung zählt, ist allein, **wie Lebewesen sich faktisch verhalten, nicht, aus welchen Gründen sie denken, etwas zu tun.** Insofern ist die Frage, ob die betreffenden Individuen wissen, warum sie auf eine bestimmte Art und Weise handeln, für die soziobiologische Sichtweise zunächst unerheblich. Auch der Hinweis, dass es eine Reihe von Beispielen gibt, wo sich Menschen nicht im Sinne einer Fitnessmaximierung verhalten, steht dem Erklärungsansatz nicht grundsätzlich entgegen: Verhaltensweisen, die der eigenen Fitness abträglich sind, werden in der Evolution nicht gefördert und müssen zwangsläufig Einzelfälle bleiben.

Dem **Konzept der Verwandtenselektion** liegt der Gedanke zugrunde, dass ein Individuum seinen Verwandten hilft, um damit zur Verbreitung seiner Gene – genauer: von Kopien seiner Gene – beizutragen.

Als **eusozial** bezeichnet man ein Zusammenleben in Sozialverbänden, in denen sich nur ein oder wenige Individuen fortpflanzen und die anderen Mitglieder als Helfer tätig werden.
Insektenstaaten
→ vgl. S. 137 ff.

Mit dem Modell der Verwandtenselektion konnte Hamilton auch ein Problem lösen, das schon Charles Darwin Kopfzerbrechen bereitet hatte: das augenscheinlich selbstlose Verhalten innerhalb einiger eusozialer, staatenbildender Insektenarten, z. B. das von Bienen.

Belding-Ziesel

Belding-Ziesel leben in bergigen Regionen im Westen der USA. Wenn Gefahr durch einen Bodenfeind droht, stößt eines der Tiere oft einen charakteristischen Warnruf, einen stakkatoartigen Pfiff, aus. Auf diesen Warnruf hin gehen die anderen Ziesel blitzschnell in Deckung. Der warnende Ziesel zieht durch seinen Warnruf jedoch die Aufmerksamkeit des Raubtieres auf sich und verringert so seine eigenen Überlebenschancen.
Warum behält der Ziesel den Jäger nicht einfach weiter still

Abb. 101: Ein Belding-Ziesel-Weibchen, das den stakkatoartigen Warnruf ausstößt.

im Auge und zieht sich selbst zurück? Es wäre anzunehmen, dass die natürliche Selektion sich gegen ein solches für das Individuum nachteiliges Verhalten auswirkt, da die warnenden Ziesel letztlich aussterben müssten. Mithilfe der Verwandtenselektion kann man jedoch erklären, weshalb diese Verhaltensweise evolutionsstabil ist. In langjährigen Beobachtungen konnte man herausfinden, dass vorzugsweise verwandte Tiere durch den Warnruf alarmiert werden (häufig werden Warnrufe von Weibchen mit Jungtieren ausgestoßen). Die warnenden Ziesel verhalten sich also so, dass sie ihre indirekte und damit auch ihre Gesamtfitness fördern.

Helferverhalten beim Graufischer
Ein inzwischen fast klassisches Beispiel für die Nützlichkeit des Modells der Verwandtenselektion gibt die Untersuchung an Graufischern. Graufischer sind ostafrikanische Verwandte des europäischen Eisvogels, sie bewohnen in Kolonien die Uferzonen großer afrikanischer Süßwasserseen (Abb. 102). Dort nisten sie in Bruthöhlen von Steilwänden in der Nähe des Naivasha- und des Victoriasees. An beiden Seen helfen in der Kolonie überzählige Männchen als **primäre Bruthelfer** ihren Eltern bei der Aufzucht der Jungen. Es gibt fast doppelt so viele erwachsene Männchen wie Weibchen, da diese vermutlich beim Brüten im Nest oft von Schlangen oder Echsen gefressen werden.
Während das Elternpaar unmittelbar seinen Bruterfolg (also seine direkte Fitness) durch die Unterstützung erhöhen kann, erzielt der primäre Helfer durch die indirekte Weitergabe seiner Gene über die Eltern einen **indirekten Fitnessgewinn**. So kann ein primärer Helfer am Victoriasee z. B. die Zahl der aufgezogenen Jungen durchschnittlich um 2,46 erhöhen. Allerdings wäre der Fitnessgewinn für einen männlichen Graufischer höher, wenn er sich stattdessen selbst fortpflanzen würde. Der große Überschuss an Männchen an beiden Seen macht es jedoch eher unwahrscheinlich, dass er im ersten Jahr selbst ein Weibchen zum Brüten erobert. Statt nun im ersten Jahr gar nichts zu tun, übernehmen die einjährigen Graufischer daher die Aufgabe als primärer Bruthelfer und leisten so bei der Aufzucht der Geschwister einen ersten Beitrag zur Weitergabe ihrer Gene (Abb. 103).
Das Auftreten von **sekundären Helfern** lässt sich nicht durch Verwandtenselektion erklären. Sie sind mit dem Brutpaar nicht verwandt und werden nur akzeptiert, wenn die Brutbedingungen es erforderlich machen. Die sekundären Helfer ihrerseits **sammeln Erfahrungen** und haben Aussichten, sich zukünftig mit dem brütenden Weibchen zu paaren. Sekundäre Helfer sind also **potenzielle Konkurrenten** der brütenden Männchen.

Evolution und Sozialverhalten

Abb. 102: Graufischer, der nach einem Tauchgang Futter zum Nest bringt.

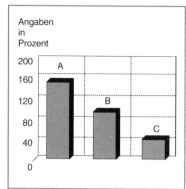

Abb. 103: Vergleich der Gesamtfitness von Männchen, die im ersten Jahr (A) selbst brüteten, (B) primäre Helfer waren oder (C) im ersten Jahr „gar nichts" taten. Die Werte (y-Achse) wurden berechnet für einen Zeitraum von 2 Jahren (max. 200 %).

2.5 Altruistisches Verhalten bei Tierstaaten

Darwin konnte sich nicht recht erklären, wie die Evolution eine Gemeinschaft von Lebewesen hervorbringen konnte, bei der häufig nur ein einzelnes Tier, die Königin, Nachkommen erzeugt, während alle anderen weiblichen Mitglieder des Staates steril sind. Diese Mitglieder helfen der Königin, ohne jegliche Aussicht, dass ihnen die Hilfe irgendwann von der Königin vergolten wird. Viele Wissenschaftler bezeichnen ein solches Verhalten als **echtes altruistisches** Verhalten.

Wieso verzichten Arbeitsbienen darauf, eigene Nachkommen zu produzieren? Wieso opfert eine Biene im Kampf ihr Leben für ihr Volk? Wie kann eine solche Verhaltensweise überhaupt an die Nachkommen weitervererbt werden, wenn die selbstlos handelnden Arbeiterinnen letztlich kinderlos sterben?

Ein **Staat eusozialer Insekten** ist eine riesige Familie und baut sich aus den Nachkommen einer Mutter (oder seltener: einiger weniger Mütter) auf. Die Mutter eines solchen Insektenstaates heißt Königin. Die Nachkommen der Königin sind fast ausschließlich Weibchen (die sterilen Arbeiterinnen), sodass man von einem „Mutterstaat" sprechen kann. Die Männchen sind zwar fruchtbar, leben jedoch nur wenige Wochen. Sie sterben unmittelbar im Anschluss an die Paarungszeit – unabhängig davon, ob sie bei der Paarung erfolgreich waren oder nicht (Abb. 104).

steril: unfruchtbar

über „echten" und „unechten Altruismus"
→ vgl. S. 140

Evolution und Sozialverhalten

Abb. 104: Die drei Bienentypen eines Bienenstaates der Honigbiene *Apis mellifera*. Von links nach rechts: Königin, Drohn (männliche Biene), Arbeiterin.

Die Töchter sind prinzipiell unfruchtbar und können häufig in verschiedene Kasten aufgeteilt werden, die ganz spezielle Aufgaben übernehmen. Staaten von Bienen und Ameisen gehören wegen ihrer differenzierten Arbeitsteilung, dem Verzicht der Weibchen auf eigene Fortpflanzung und der daraus resultierenden Komplexität ihres Zusammenlebens zu den erstaunlichsten Gebilden in der Tierwelt. Soziobiologen zufolge verdanken diese Staaten ihre Existenz einem besonders hohen Verwandtschaftsgrad zwischen den Schwestern des Staates. Um zu verstehen, wie es zu diesem hohen Verwandtschaftsgrad kommt, bedarf es eines Blicks auf die Vorgänge bei der geschlechtlichen Fortpflanzung:

Gameten: Keimzellen
haploid sind Zellen mit einfachem Chromosomensatz; **diploid** solche mit doppeltem Chromosomensatz.

Bei der **geschlechtlichen Fortpflanzung** der meisten Tiere entsteht ein neues Lebewesen aus zwei genetisch verschiedenen Gameten, die je einen haploiden Satz von Chromosomen mitbringen. Verschmelzen die Keimzellen, also Eizelle und Spermium, miteinander, entsteht eine diploide Zygote, eine befruchtete Eizelle.

Das sich aus dieser Zygote entwickelnde Lebewesen ist mit seinen Eltern jeweils zu 50 % verwandt, und zu seinen Geschwistern besteht durchschnittlich auch eine Verwandtschaft von 50 %.

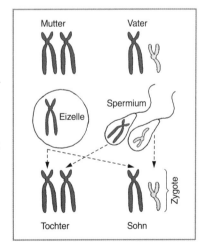

Abb. 105: Schematisch sehr stark vereinfachte Darstellung der Abläufe bei der Bildung der Keimzellen und der Befruchtung: Vater und Mutter geben an ihre Nachkommen jeweils einen haploiden Chromosomensatz weiter.

137

Eine genauere Untersuchung der **Verwandtschaftsgrade in einem Insektenstaat** zeigte, dass dort andere Verhältnisse vorliegen:
Im Insektenstaat sind alle Schwestern untereinander enger verwandt als mit ihrer Mutter. Der Verwandtschaftsgrad zur Königin beträgt zwar ebenfalls 0,5 (bzw. 50 %), der Verwandtschaftsgrad der Arbeiterinnen untereinander aber sage und schreibe 0,75. Dieser enge Verwandtschaftsgrad führt dazu, dass die Arbeiterinnen durch die Unterstützung ihrer Mutter (der Königin) einen größeren genetischen Erfolg erzielen, als sie dies durch eigene Fortpflanzung könnten: Zwei direkte Nachkommen ergäben für eine Arbeiterin einen Fitnesswert von 1, zwei von der Königin produzierte Schwestern hingegen einen Wert von 1,5. Im Stillen vorausgesetzt wird hier jedoch, dass die Königin Weibchen und keine Männchen produziert – zu diesen bestände nur ein Verwandtschaftsverhältnis von 0,25. Offensichtlich gelingt es den Schwestern überdies, ihre Mutter so zu manipulieren, dass diese in erster Linie Weibchen erzeugt.
Soziobiologen erklären das **altruistische Verhalten der sterilen Weibchen** und den Zusammenhalt eines Insektenstaates demnach durch den **höheren Verwandtschaftsgrad der Schwestern untereinander** und durch den **daraus resultierenden Fitnessgewinn.**

Wie kommt es zu den erstaunlichen Verwandtschaftsverhältnissen in einem Ameisen- und Bienenstaat?
In einem typischen Ameisenstaat gibt es nur eine einzige fortpflanzungsfähige Königin. Sie hat in ihrer Jugendzeit einen Begattungsflug unternommen und die männlichen Keimzellen für den Rest ihres Lebens gespeichert – im Verlaufe der Jahre verteilt sie diese auf die Eizellen. Allerdings werden nicht alle Eizellen befruchtet: die unbefruchteten Zellen entwickeln sich zu Männchen, die befruchteten zu Weibchen. Während alle Weibchen im Staat Mutter und Vater besitzen, haben die Männchen also lediglich eine Mutter. Die Folge in genetischer Hinsicht ist, dass **alle Weibchen diploid, die Männchen aber nur haploid sind**. Diese Form der genetischen Geschlechtsfestlegung nennt man **Haplodiploidie**.

> Unter **Haplodiplodie** versteht man den Umstand, dass Männchen aus unbefruchteten Eiern entstehen und haploid sind, wohingegen die Weibchen aus befruchteten Eiern heranwachsen und diploid sind.

Aus der Haploidie ergeben sich u. a. die folgenden ungewöhnlichen Verwandtschaftsverhältnisse:
- Die Weibchen erhalten von ihrer Mutter die Hälfte ihrer Chromosomen, sie sind also zur Hälfte mit ihr verwandt (r = 0,5).
- Die Schwestern innerhalb eines Staates erhalten jeweils zur Hälfte Chromosomen von Vater und Mutter. Da der haploide Vater jedoch in seiner Keimzelle immer nur denselben Chromosomensatz weitergeben kann, stimmen alle Schwestern in der Hälfte ihrer Chromosomen zu 100 % überein. Im Hinblick auf die Chromosomen, die von der Mutter stammen, besteht eine 50 %ige Wahrscheinlichkeit, dass diese bei zwei Schwestern übereinstimmen. Daher ist der Verwandtschaftsgrad zwischen den Schwestern nicht 0,5, sondern 0,75.

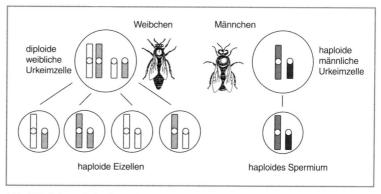

Abb. 106: Schematische Darstellung der haplodiploiden Reproduktion bei staatenbildenden Insekten (Bienen, Ameisen). Gezeigt wird die Bildung der Keimzellen anhand zweier verschiedener Chromosomen(sätze).

	as	at
as	1,0	0,5
at	0,5	1,0

Tab. 2: Die Tabelle zeigt die Berechnung des Verwandtschaftsgrades (r) zwischen den Schwestern eines Insektenstaates: Summe von r / Anzahl der Felder = 1,0 + 0,5 + 0,5 + 1,0 / 4 = 0,75. Die Buchstabenkombinationen (as, at) stehen für die diploiden Genome der Schwestern; a: vom Vater stammender, s bzw. t: von der Mutter stammender Chromosomensatz.

Ungeklärt ist noch, wieso es bei mehrfacher Begattung einer Königin durch verschiedene Männchen nicht zum Zusammenbruch des Staates kommt, da sich hierdurch der Verwandtschaftsgrad der Schwestern drastisch verringert. So wurde bei Wespen nachgewiesen, dass die Königinnen Paarungen mit mehr als einem Männchen eingehen und der Verwandtschaftskoeffizient zwischen den Arbeiterinnen 0,4 nicht übersteigt.

Nacktmulle sind kleine, etwa 10 cm lange und 3 cm dicke, rosafarbene Nagetiere mit auffällig vorstehenden Zähnen, die dem Graben dienen. Das Gangsystem beträgt ca. drei bis vier Kilometer.

Auch bei Säugetieren ist es zur Ausbildung von Tierstaaten gekommen, und zwar bei dem in Ostafrika beheimateten Nacktmull. Nacktmulle leben in Gemeinschaften von bis zu 300 Tieren in Gängen unter der Erdoberfläche, eine typische Kolonie zählt jedoch nur 70 bis 80 Tiere (Abb. 107). Anders als in den Insektenstaaten leben in der Gemeinschaft Männchen und

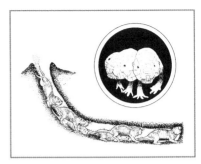

Abb. 107: Nacktmulle leben in Kolonien in unterirdischen Gangsystemen.

Weibchen zusammen. Doch pflanzt sich in der Regel nur ein Weibchen (Königin) mit bis zu drei Männchen (Königen) fort. Alle anderen Tiere stehen im Dienste der Gemeinschaft, indem sie Futter suchen, bei der Aufzucht der Jungen helfen, die unterirdischen Gänge warten oder den Bau gegen Feinde verteidigen. Innerhalb eines Jahres kann eine Nacktmull-Kolonie in gemeinschaftlicher Arbeit bis zu vier Tonnen Erde ausheben. Die Basis dieses noch nicht gänzlich erforschten Verhaltens scheint auch hier ein erhöhter **Verwandtschaftsgrad** unter den Tieren der Kolonie zu sein, der bei **durchschnittlich ca. 0,8** und damit noch höher als bei den eusozialen Insekten liegt.

Anders als bei Ameisen und Bienen liegt diesem hohen Verwandtschaftsgrad **keine Haplodiploidie** zugrunde. Die Ursache dafür ist hier – wie auch bei den Staaten bildenden Termiten – **Inzest** (Inzucht): Schätzungsweise 85 % der Paarungen finden zwischen genetisch eng verwandten Individuen statt. Der hohe Verwandtschaftsgrad von 0,8 dürfte im Übrigen eine Obergrenze markieren: Bei höheren Graden käme es vermutlich zu einer **Inzuchtdepression**.

Inzest: Geschlechtsverkehr zwischen genetisch eng verwandten Individuen, also z. B. zwischen Mutter und Sohn, Bruder und Schwester.

Inzuchtdepression: Aus einer inzestuösen Verbindung können vermehrt erbgeschädigte Nachkommen hervorgehen.

Echter oder unechter Altruismus?

Ob man ein Verhalten, das nicht der eigenen Fortpflanzung, wohl aber der indirekten Weitergabe der eigenen Gene dient, als **„echtes altruistisches Verhalten"** bezeichnet oder nicht, ist letztlich eine Frage der Perspektive. Den Verzicht auf eigene Nachkommen kann man aus Sicht des Individuums durchaus als „echten Altruismus" ansehen. Auf der anderen Seite werden aber in allen angesprochenen Beispielen (Insekten, Nacktmulle, Ziesel, Graufischer) in durchaus „egoistischer" Weise eigene Gene gefördert. Insofern ließe sich mit Recht fordern, nur solches Verhalten als „echt altruistisch" zu bezeichnen, das die Gesamtfitness anderer vermehrt und weder der eigenen direkten noch indirekten Fitness förderlich ist.

3 Aggression bei Mensch und Tier

3.1 Was versteht man unter Aggression?

Aggression: lat. *agredi* angreifen

In der Alltagssprache bereitet der Begriff der Aggression bzw. des aggressiven Verhaltens meist keine Schwierigkeiten. In der Biologie und der thematisch angrenzenden Psychologie hingegen fällt es ausgesprochen schwer, eine allgemein gültige Definition zu geben, und Generationen von Biologen und Psychologen haben jahrzehntelang über Definitionen heftig gestritten. Eine Standarddefinition besagt, dass aggressives Verhalten ein Verhalten ist, das sich prinzipiell gegen ein anderes Lebewesen, sich selbst oder gegen Objekte richtet und diesen Schaden zufügt. Wobei der Schaden nicht direkt physischer Natur sein muss: auch eine verbale Attacke oder die Androhung physischer Gewalt stellt eine Aggression dar. Psychologen definieren ein Verhalten als aggressiv, wenn ein Lebewesen oder Gegenstand **absichtlich** verletzt oder beschädigt wird. Doch fällt es, wenn nicht schon beim Menschen, so doch zumindest bei Tieren äußerst schwer, Motive und Absichten des handelnden Lebewesens zu erschließen. Psychologen wenden dagegen ein, dass ohne eine Absicht bereits zufälliges Anrempeln im Gedränge oder ein chirurgischer Eingriff eine aggressive Handlung seien. Ethologen auf der anderen Seite halten auch das Kriterium des Schadenzufügens für problematisch, da Aggression in einigen Fällen sogar dem Nutzen des Angegriffenen dienen kann. Ein anderer Vorschlag geht deshalb dahin, nur solches Verhalten als aggressiv zu bezeichnen, bei dem ein anderes Lebewesen unterworfen, ihm also eine „Dominanzbeziehung" aufgezwungen wird.

> Zurzeit existiert keine generell akzeptierte Definition für **aggressives Verhalten**. Sehr allgemein lässt sich formulieren, dass hierunter meist ein Verhalten verstanden wird, das darauf abzielt, einem anderen Lebewesen Schaden zuzufügen.

3.2 Erscheinungsformen aggressiven Verhaltens

Ungeachtet der genannten Schwierigkeiten mit dem Begriff der Aggression wird in der Biologie zwischen **innerartlicher** (intraspezifischer) und **zwischenartlicher** (interspezifischer) Aggression unterschieden. Bei zwischenartlichen Auseinandersetzungen handelt es sich um Räuber-Beute-Beziehungen oder um Konkurrenzkämpfe. Ethologen und Soziobiologen interessieren sich in erster Linie für die innerartliche Aggression. Bei der innerartlichen Aggression richtet sich das Verhalten gegen einen Artgenossen. Die Ursache für die innerartliche Aggression ist prinzipiell die **Konkurrenz um begrenzte Ressourcen** wie Nahrung, Reviere und Fortpflanzungspartner. Die innerartliche Aggression verläuft meist in geregelter, ritualisierter Form, Auseinandersetzungen, bei denen Tiere verletzt oder sogar getötet werden, sind eher selten. Lebewesen verhalten sich so, dass die Kosten einer Auseinandersetzung möglichst gering gehalten werden und der Gewinn möglichst hoch ausfällt. Die Gefahr, bei einem Kampf verletzt oder erheblich geschwächt zu werden, ist grundsätzlich für alle Beteiligten recht hoch. Überdies besteht bei eng zusammenlebenden Tieren das Risiko, dass durch ungehemmte Aggressionen die Beziehungen und damit die Zusammenarbeit der Tiere nachhaltig gestört werden könnte. Viele Tierarten haben daher Verhaltensweisen entwickelt, die die Kosten aggressiver Auseinandersetzungen gering halten. Zu den Verhaltensweisen, die dieser **Aggressionskontrolle** dienen, gehören u. a.:
- der Einsatz von Droh- und Imponierverhalten
- der Einsatz von Beschwichtigungs- und Befriedungshandlungen
- das Kämpfen nach Regeln (Kommentkämpfe)
- das Besetzen von Revieren bzw. Territorien
- die Ausbildung von Rangordnungen

Droh- und Imponierverhalten erfüllt nahezu die gleiche die Funktion wie eine echte Aggression: ein Kontrahent soll eingeschüchtert und so zur Flucht veranlasst werden. Um dies zu erreichen, macht sich ein Tier meist besonders groß oder stellt seine bedrohlichen „Waffen" demonstrativ zur Schau. Unterlegene Tiere zeigen sehr oft **Beschwichtigungs-** und **Befriedungshandlungen**, um die Aggressionsbereitschaft des Gegners zu mindern. Hierzu verkleinern sich z. B. die Tiere oder wenden demonstrativ ihre „Waffen" vom Gegner ab. In einigen Fällen reicht das reine Drohen und Imponieren jedoch nicht aus, um einen Artgenossen zu vertreiben, und es kommt zu einer kämpferischen Auseinandersetzung. Da es bei vielen Kämpfen jedoch nur darum geht, einen Gegner zu vertreiben, und nicht darum, ihn zu verletzen oder zu

Evolution und Sozialverhalten

Revier: Bezeichnet ein verteidigtes Gebiet. Ein Revier kann gegen gleichgeschlechtliche erwachsene Artgenossen, in selteneren Fällen gegen alle Artgenossen oder sogar gegen artfremde Tiere verteidigt werden. Reviere können der Nahrungsbeschaffung bzw. der Fortpflanzung dienen.

Hackordnung: Bezeichnet die Rangordnung bei Hühnern; heute weniger gebräuchlicher Begriff.

töten, haben sich **Kommentkämpfe** entwickelt: Die jeweiligen Kontrahenten setzen ihre gefährlichen Waffen nicht ein und halten sich beim Messen ihrer Kräfte an bestimmte „Regeln" („Turnierkampf"). Indem Tiere **Reviere** ausbilden, schränken sie aggressive Handlungen sowie das vergleichsweise harmlose Droh- und Imponierverhalten auf bestimmte Zeiten ein: Auseinandersetzungen ergeben sich zumeist bei der Gründung eines Reviers. Später werden die Reviergrenzen in aller Regel durch die (eingesessenen) Reviernachbarn respektiert. Die Kennzeichnung von Revieren erfolgt bei Vögeln durch Gesänge, bei Säugern durch spezielle Duftmarken und bei Fischen durch auffällige und weit leuchtende Körperfarben. Je nach Funktion eines Reviers kann man z. B. **Fortpflanzungs-** und **Nahrungsreviere** unterscheiden.

Rangordnungen („Hackordnung") können sich in Gruppen ergeben, in denen sich die Mitglieder einzeln unterscheiden können. Die Tiere können sich so merken, gegen wen sie in einer Auseinandersetzung gewonnen und gegen wen sie schon einmal verloren haben. Dadurch werden erneute Kämpfe und Verletzungen vermieden. Das ranghöchste Tier einer Gruppe nennt man **Alpha-Tier**, das an zweiter Stelle folgende **Beta-Tier** usw. Am Ende der Hierarchie steht das **Omega-Tier** – das man etwas salopp auch als „Prügelknaben" bezeichnen kann: So besitzt bei Hühnern die Omega-Henne keinerlei Vorrechte und wird von allen anderen gepickt. Die Alpha-Henne hingegen darf immer zuerst an die Futterschule und erhält den besten Schlafplatz. In ähnlicher Weise verhält es sich bei vielen anderen Tieren, z. B. Bärenmakaken.

Abb. 108: Rangordnung bei Bärenmakaken: Wenn das Alpha-Tier frisst (rechts im Bild), kommen die rangniederen Tiere um zuzusehen, bekommen vom Futter aber nichts ab.

3.3 Ursachen aggressiven Verhaltens

Fast ähnlich schwierig, wie eine Definition zu geben, ist es, die Ursachen aggressiven Verhaltens zu benennen.
Aus **soziobiologischer Sicht** handeln Lebewesen in bestimmten Situationen aggressiv, weil sie so zur Vermehrung ihrer Gene im Genpool beitragen können. Ob ein Tier (oder ein Mensch) bei der Konkurrenz mit Artgenossen um eine Ressource aggressiv handelt, wird im Wesentlichen durch drei Gesichtspunkte bestimmt:
- Wie groß ist der Nutzen einer Ressource?
- Wie groß ist die Chance, aus dem Streit erfolgreich hervorzugehen?
- Wie hoch sind die Kosten, die entstehen können (z. B. durch Verletzungen)?

Ob ein Individuum aggressives Verhalten zeigt, ist demnach das Ergebnis einer oft komplizierten **Abwägung von Kosten und Nutzen**. Auch für ein ranghohes Tier lohnt die Auseinandersetzung mit einem rangniederen Tier nicht, wenn es hierbei ernsthaft verletzt werden könnte. Erhöht sich andererseits der **Streitwert** – konkurrieren Männchen z. B. um wenige paarungsbereite Weibchen – wird von Männchen auch ein größeres Verletzungsrisiko in Kauf genommen. So sterben jährlich 5 bis 10 Prozent der Moschusochsen infolge der Auseinandersetzungen um Weibchen. Generelle Voraussagen über die Aggressionsbereitschaft von Tieren zu machen, ist nicht zuletzt deshalb schwierig, weil die konkreten Situationen häufig sehr komplex sind. So kann z. B. die Gegenwart eines Freundes oder Verwandten die Gewinnchancen einer Seite entscheidend verbessern, da dieser unterstützend in eine Auseinandersetzung eingreifen könnte.

Ultimate Gründe betreffen die Fitness und damit die Evolution von Eigenschaften bzw. Verhaltensweisen. → vgl. S. 120

Neben der soziobiologischen Sichtweise – die nach den ultimaten Gründen des Verhaltens fragt – werden **traditionellerweise** vor allem drei andere Erklärungsansätze für aggressives Verhalten unterschieden:
- der trieb- und instinkttheoretische Ansatz
- die Aggressions-Frustrations-Hypothese sowie
- der lerntheoretische Ansatz

Während der trieb- und instinkttheoretische Ansatz heute weitgehend abgelehnt wird, geht man davon aus, dass die beiden anderen Positionen Wesentliches zum Verständnis der Ursachen von Aggressionen – und zwar besonders beim Menschen – beitragen.

Der trieb- und instinkttheoretische Ansatz

Sigmund Freud (1856–1939): Der Wiener Neuropathologe und Psychologe ist der Begründer der theoretischen und praktischen Psychoanalyse.

Dieser Ansatz geht auf den Psychoanalytiker Sigmund Freud und den Ethologen Konrad Lorenz zurück. Sie nahmen an, dass es bei Mensch und Tier einen **angeborenen Aggressions- oder Todestrieb** gibt. Dieser Aggressionstrieb muss – ähnlich wie Hunger oder Sexualität – regelmäßig durch entsprechende Handlungen befriedigt werden. Nach jeder dieser „Entladungen" staut sich die Triebenergie wie Dampf in einem Kessel wieder an und muss – damit der Kessel nicht platzt – durch ein geeignetes Ventil abgelassen werden (so genanntes Dampfkesselmodell). Den arterhaltenden Wert dieses Aggressionstriebes sah Lorenz darin, dass die stärkeren und gesünderen Tiere in Kämpfen um Reviere und Weibchen ausgelesen werden und so bevorzugt zur Fortpflanzung gelangen.

Dieser Erklärungsansatz wird heute von den meisten Wissenschaftlern abgelehnt, da es so gut wie keine systematisch erhobenen Daten gibt, die die Annahme eines angeborenen Aggressionstriebes stützen.

Die Aggressions-Frustrations-Hypothese

Vertreter dieses Erklärungsansatzes lehnen die Existenz eines angeborenen Aggressionstriebes grundsätzlich ab. Ihrer ursprünglichen Hypothese zufolge führt jede Frustration zur Aggression und ist jede Aggression die Folge einer Frustration. Inzwischen weiß man, dass Frustration nicht immer zu Aggression führt und dass Aggressionen auch ohne Frustrationen auftreten. In abgeschwächter Form formuliert man daher heutzutage, dass Frustration die Wahrscheinlichkeit aggressiven Verhaltens erhöht.

Der lerntheoretische Ansatz

operante Konditionierung → vgl. S. 76 ff.

Führt aggressives Verhalten zum Erfolg, werden Lebewesen auch später auf dieses Verhalten zurückgreifen. Ein solches Verhalten kann also mittels operanter Konditionierung erworben werden. Einige Lerntheoretiker gehen über diese Form des Lernens hinaus, indem sie ein soziales Modell annehmen: Aggressive Verhaltensweisen werden durch das Beobachten von Modellpersonen erworben. Indem z. B. Kinder beobachten, wie eine andere Person für ihr aggressives Verhalten belohnt wird, lernen auch sie das entsprechende Verhalten. Aggressives Verhalten kann nach dieser Vorstellung also auch aus den Medien erlernt werden. Wissenschaftliche Untersuchungen haben gezeigt, dass Menschen auf diese Weise in der Tat aggressives Verhalten erlernen können.

3.4 Der Infantizid – ein Weg zur Verbreitung eigener Gene?

Infantizid: Kindstötung

Harem: Eine Gruppe von Weibchen, die von einem Männchen beschützt wird und das dafür sorgt, dass sich keine anderen Männchen mit den Weibchen paaren.

Abort: Fehlgeburt

Fetozid: Tötung des Ungeborenen ab dem 3. Schwangerschaftsmonat.

Fitness → vgl. S. 122

Primatenforscher konnten bei **Languren-Affen** in den 70er- und 80er-Jahren wiederholt beobachten, dass ein Languren-Männchen nach der Eroberung eines Harems alle vorgefundenen Säuglinge und auch die kurz nach der Übernahme geborenen Kinder des Vorgängers tötete. Selbst schwangere Weibchen wurden durch das aggressive Verhalten des neuen Männchens solchem Stress ausgesetzt, dass Aborte ausgelöst wurden. In fast all diesen Fällen waren die betroffenen Weibchen nach kurzer Zeit – nach etwa zwei bis drei Wochen – wieder empfängnisbereit und forderten das neue Männchen zur Paarung auf.

Es kann keinen Zweifel geben, dass die Männchen vom **Infantizid** bzw. **Fetozid** profitierten: Sie steigerten ihren eigenen Fortpflanzungserfolg auf Kosten ihrer jeweiligen Vorgänger, der Mütter der Opfer und natürlich der Opfer selbst. Es handelt sich demnach um ein zwar „artschädigendes", aber für die individuellen Männchen hochgradig „Fitness"-förderndes Verhalten, gegen das die Weibchen offenbar bislang keine effektive Gegenstrategie entwickeln konnten.

Die Languren-Männchen verhalten sich demnach so, dass sie möglichst wenig in die Nachkommen fremder Männchen investieren. Stattdessen sorgen sie dafür, dass sie selbst auf schnellstem Wege zur Fortpflanzung kommen, um ihre direkte Fitness zu erhöhen.

Gezielte Kindestötungen hat man mittlerweile bei vielen anderen Tierarten nachgewiesen, z. B. bei mehr als zwei Dutzend Primatenarten (bei denen alle Täter fast ausnahmslos Männchen waren). Relativ weit bekannt geworden sind Kindestötungen durch **Löwenmännchen**, die einen Harem neu übernehmen und alle Nachkommen des Vorgängers töten.

Interessanter- oder eher traurigerweise sind ganz ähnliche Verhaltenstendenzen offenbar auch beim Menschen zu beobachten. So hatte z. B. ein Kind mit einem Stiefelternteil in Kanada (Ohio) 1983 ein 40-mal so hohes Risiko, körperlich misshandelt zu werden, wie ein Kind, das mit seinen beiden leiblichen Eltern zusammenlebte (Abb. 109 A). Und das Risiko, von einem Stiefelternteil (besonders dem Stiefvater) getötet zu werden, lag von 1974–1983 für Kinder im Vorschulalter sogar 40 bis 100-mal höher als für Kinder mit leiblichen Eltern (Abb. 109 B). Im Hinblick auf die sozioökonomische Herkunft der Eltern bestanden nur geringfügige Unterschiede zwischen Tätern und Nichttätern. Der soziobiologische Erklärungszusammenhang der Aggression gegenüber nichtleiblichen Kinder lautet allem Anschein nach auch hier schlichtweg Verringerung des **elterlichen Investments** zwecks Steigerung der eigenen Fitness. Dass Stiefväter auch heute noch ihre Fitness durch

Kindstötung steigern können, wird von Wissenschaftlern indes bezweifelt.

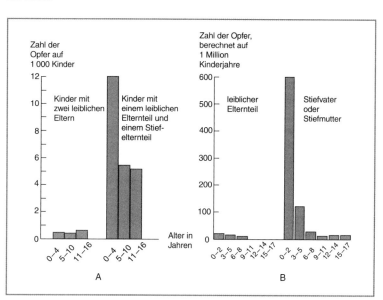

Abb. 109: 1983 bekannt gewordene Kindesmisshandlungen in Kanada (Ohio) in Abhängigkeit davon, ob das Kind mit seinen leiblichen Eltern oder einem Stiefelternteil zusammengelebt hat (A). Wie groß war von 1974 bis 1983 in Kanada (Ohio) für ein Kind das Risiko, von einem leiblichen Elternteil oder einem Stiefelternteil getötet zu werden? Die Grafik (B) macht deutlich, dass das Risiko für Kinder mit Stiefeltern beträchtlich höher lag.

Unter dem Begriff **„elterliches Investment"** werden alle Investitionen eines Elternteils in ein Kind zusammengefasst, die die Aussichten auf weitere eigene Nachkommen mindern.

Derartige Untersuchungen zeigen, dass aller Wahrscheinlichkeit nach auch menschliches Sozialverhalten Regeln folgt, die man aus der Evolutionstheorie ableiten kann. Dass das Ergebnis solcher Untersuchungen nicht immer erfreulich ist, wird an diesem Beispiel besonders deutlich.

Zusammenfassung

- Die **Soziobiologie** beschäftigt sich mit dem sozialen Verhalten von Mensch und Tier aus evolutionsbiologischer Sicht. Die Frage der Soziobiologie ist: Was leistet eine Verhaltensweise im Hinblick auf die **Gesamtfitness** eines Individuums. Anders als die Ethologie favorisiert die Soziobiologie das Modell der Individualselektion.
- Das **Leben in der Gemeinschaft** kann Individuen verschiedene Vorteile bieten. Kooperation bietet gemeinsamen Nutzen ohne Kosten. Bei reziprokem Altruismus erleidet der Hilfeleistende zumindest kurzfristig einen Fitnessnachteil, langfristig gesehen erzielen aber i. d. R. alle Beteiligten auch hier einen Fitnessgewinn.
- Beim **nepotistischen Altruismus** hilft ein Individuum seinen Verwandten, um hierdurch indirekt zur Verbreitung seiner Gene beizutragen. Ein solches Verhalten zeigt sich z. B. bei Helfern am Nest.
- Ein besonderer Fall von Nepotismus findet sich bei **Insektenstaaten** (Bienen, Ameisen), in denen sich nur die Königin fortpflanzt und alle Arbeiterinnen unfruchtbar sind. Die Erklärung für dieses Verhalten ergibt sich aus den besonderen Verwandtschaftsverhältnissen im Insektenstaat.
- Es gibt keine allgemein gültige Definition des Begriffs **Aggression**. In den meisten Fällen verstehen Verhaltensbiologen hierunter jedoch ein Verhalten, das einem Artgenossen Schaden zufügt.
- Man unterscheidet zwischen **innerartlicher** und **zwischenartlicher Aggression**. Bei der innerartlichen Aggression sorgen Rangordnungen, Reviere, Droh- und Imponiergebärden sowie Kommentkämpfe dafür, dass die Kosten von Auseinandersetzungen gering gehalten werden.
- Für die **Entstehung aggressiven Verhaltens** gibt es außer dem soziobiologischen verschiedene traditionelle Erklärungsansätze, u. a. den trieb- und instinkttheoretischen Ansatz, die Aggressions-Frustrations-Hypothese und den lerntheoretische Erklärungsansatz.
- Das **Töten von Artgenossen**, besonders von Kindern, lässt sich aus soziobiologischer Perspektive – und damit entgegen der ethologischen Sichtweise – als Strategie zur Fitnessmaximierung begreifen. Untersuchungen zeigen, dass sich solche Verhaltenstendenzen auch beim Menschen wiederfinden lassen.

Stichwortverzeichnis

Abort 146
Adaptation 39, 56
Adäquate Reize 16
afferente
• Bahn 5 ff., 60
• Fasern 5
• Nervenzelle 5
afrikanischer Schmutzgeier 98
Aggression 141 ff.
• innerartliche 142 f.
• ~s-Frustrations-Hypothese 144 f.
• ~skontrolle 142 f.
• ~strieb 145
• zwischenartliche 142 f.
Aha-Erlebnis 91
aktionsspezifisches Potenzial 21
Allel 45 f.
Alles-oder-Nichts-Prinzip 5
Alpha-Tier 143
Altruismus 128 ff.
• echter 136, 140
• reziproker 128 ff.
• unechter 140
American Sign Language 107
Amerikanische Brutfäule 45
Ameslan 107
angeborenes Verhalten 8, 39 ff.
Antagonist 7
Antrieb 21
Aphasie 111
Apis mellifera 137
Aplysia 59 f.
Appetenz 20
• ~verhalten 20, 24 f., 28, 83
Art 121
Assoziationslernen 72
Atemröhre 60
Attraktivität 35
Attrappe 13, 39 ff.
Attrappenversuche 39 ff.
Auslösemechanismus (AM) 14 f.
• AAM 15
• EAAM 15
• EAM 15
Auslöser 15
Austernfischer 17
Austin 109
aversiver Reiz 78

Balancierbewegung 26
Balzverhalten 23, 65
Bärenmakaken 143
Bates'sche Mimikry 13
bedingter Reflex 72
bedingter Reiz 72

Befriedungshandlungen 142
Behaviorismus 9, 76 ff.
Beißhemmung 94
Belohnung 81
belohnungsfreies Lernen 86
Berechnung des Verwandtschaftgrades 139
Beschwichtigungshandlung 142
Bestrafung 79
Beutefangverhalten 23 f.
• der Erdkröte 25, 27
Bewusstsein 115
Bienen 136 ff.
• ~sprache 103, 106
• ~tanz 103 ff.
Black-Box-Modell 76
Brocasches Areal 110
Brutpflege 65
Buntbarsch 18 f.

Calcium-Kanäle 60
Chemotaxis 4
Chunking 115
chunk 114
CR 72
CS 72

Dampfkesselmodell 145
Darwin, C. 119 ff.
Darwins Evolutionstheorie 122 ff.
deklaratives Gedächtnis 116
Deprivationssyndrom 70
diploid 137
direkte Fitness 132
Dishabituation 59
Diskordanz 50
doppelte Handlungskette 28 f.
dorsal 6
dorsale Wurzel 7
Dreistacheliger Stichling 28 f.
Drohverhalten 142
Drossel 40 f.

Effektor 5
efferente Bahn 5 ff., 60
efferente Fasern 5
Eibl-Eibesfeldt, I. 83 f.
Ei-Einrollbewegung 25 ff.
Eigenreflex 5
eineiige Zwillinge 48 ff.,132
Einsicht 91
Einstellbewegung 25
Einzeller 3
elterliches Investment 146 f.
Empathie 102

Endhandlung 24 ff.
Entenvögel 63
Erbgut (Genom) 11
Erbkoordination 19, 24 ff.
Erfolgsorgan 7
Erkennen des Sexualpartners 66
Erkundungsverhalten 12
erlernt 8
Ermüdungserscheinungen 54
Ethogramm 12
eusozial 136
Evolutionspsychologie 120
evolutionsstabile Strategie 128
evolutionsstabile Verhaltensweise 128
explizites Gedächtnis 116
Extinktion 72, 81

Fadenwürmer 44 f.
fakultative Lernvorgänge 54
Fehlprägung 65
Fetozid 146
Filialgeneration 45
Fitness 122 f.
Fledermaus 14
Formen der Belohnung 81
Fortpflanzungsverhalten 12
Fremdreflex 7
Freud, S. 111
Frisch, K. von 103
Fruchtbarkeit 36
Funktionskreise 12
Furchtreaktion 41

Gameten 137
Gardner, A. und B. 107 f.
Gedächtnis 110, 113 ff.
Gefangenendilemma 130 f.
Gehirn 110
Gen 44
Generalisierung 74 f.
Genpool 123
Geotaxis 4
Gesamtfitness 120, 132
Gesangsprägung 67
Geschlechtererkennung 35 f.
geschlechtliche Fortpflanzung 137
Gesichtererkennung 111 f.
Gesichtsattrappe 18
Graufischer 135 f., 140
Greifreflex 37
Grillen 4
Gruppenselektion 124
Guppy 22

Hackordnung 143
Handlungsbereitschaft 21 ff.
Handlungsketten 27 ff.
Haplodiploidie 138 ff.
haploid 137
Harem 146
Harlow, H. 68
Hassen 17
Haushuhnküken 30 f.
Helferverhalten beim Graufischer 135 f.
Hemisphäre 110 ff.
Hemisphärendominanz 111 f.
Herde 126
Hess, E. 63
heterozygot 46
Hinterhorn 7
Honigbienen 45, 137
Hormone 24
Hospitalismus 48, 70
Hühnervögel 41

Immelmann, K. 65
implizites Gedächtnis 116
Imponierverhalten 142
indirekte Fitness 132
Individualselektion 124 f.
Infantizid 146 f.
innere Uhr 104
Insekten 136 ff.
Insektenstaat 136 ff.
Instinkt 25
intermittierende Verstärkung 81
Interneuron 7, 60
Inzest 140
Inzucht 140
Inzuchtdepression 140
Irreversibilität des Prägungsvorganges 61 ff.
Isolationsversuch 39, 46 ff.

japanische Rotgesichtsmakaken 88

Kalifornischer Seehase 59 f.
Kampf ums Dasein 119
Kampffisch 12
Kampfverhalten 12
• von Stichlingsmännchen 39
Kannphase 73
Kanzi 109
Kaspar-Hauser-Tier 47
Kaspar-Hauser-Versuch 39, 46 ff.
Kennreiz 15
Kiemenrückziehreflex 59 f.
Kindchenschema 32 ff.
Kindesmisshandlung 147
Kindstötung 146 f.
kin selection 132
Klammerreflex 9, 37
klassische Ethologie 8, 120
klassische Konditionierung 71 ff.

kleiner Albert 75
Kleinkind 37 f.
Kniescheibensehne 6
Kniesehnenreflex 6
Köhler, W. 90, 101
Kommentkampf 27, 142 f.
konditionierter Reflex 72
Konfusionseffekt 127
Konkordanz 49
Konkurrenzkampf 142
Kontiguität 73
kontinuierliche Verstärkung 81
Kontraktion 7
Kooperation 126 f.
Körperpflege 12
Körperschemata 35
Kosten-Nutzen-Rechnung 120
Kreuzspinne 10 f.
Kreuzungsexperimente 39, 44 ff.
kritische Phase 64
Kuckuck 10, 16
kulturübergreifender Vergleich 39, 50 f.
Kurzzeitgedächtnis 113 ff.

Labyrinth 81 f.
Labyrinthversuche 81 ff.
Lächeln 51
Lachen 51
Lachmöve 127
längerandauernde Habituation 41 ff.
Languren-Affen 146
Langzeitgedächtnis 113 ff.
Lara Croft 36
latentes Lernen 85 f.
Lateralisierung 110 ff.
Lawick-Goodall, J. van 99
Leerlaufhandlung 20
Lemming 125
Lerndisposition 8
Lernen 54 f.
• am Erfolg 78, 80, 83
• Definition 54
• durch Einsicht 90 ff.
• durch Nachahmung 86
• durch negative Verstärkung 78 f.
• durch positive Verstärkung 77 f.
• durch Versuch und Irrtum 83
Lernkurven 82
Lernphase 73
Lidschlagreflex 73 f.
Linkshänder 110
little Albert 75
Lorenz, K. 1, 9, 26

Makaken 88 f., 143
Maulbrüter 43
Mimik 47
Mimikry 13
monohybrider Erbgang 44
monosynaptischer Reflexbogen 6

Moro-Reflex 37
motorische Prägung 67
Muskelermüdung 57
Muskelspindeln 6
Mutter-Kind-Beziehung 70
Mutter-Kind-Bindung 68 ff.

Nachfolgeprägung 62, 65
Nacktmulle 140
Nahrungsaufnahme 12
natürliche Selektion 122 ff.
negative Phototaxis 3
Nematoden 44 f.
Nepotismus 132
nepotistischer Altruismus 132
Nervensystem 2, 15
Nestflüchter 61, 68
Nesthocker 61, 68
Nestreinigungsverhalten 45
Neugierde 89
Neunstacheliger Stichling 29
Neurotransmitter 60
nichtadäquate Reize 16

Objektprägung 61 f.
obligatorische Lernvorgänge 54
Ohrwurm 4
Omega-Tier 143
operante Konditionierung 76 ff.
• beim Menschen 83 f.
• Grenzen 84 f.
Orientierungsbewegungen 25, 27

Partnerschema 35 f.
Patella 6
• ~rsehne 6
• ~rsehnenreflex 6
Pawlow, I. 71
Pfauenspinner 13
Phototaxis 3
Pickbilder 30 f.
Plastizität 111
polysynaptische Reflexe 7
positive Phototaxis 3
postsynaptische Membran 60
Prägung 61 ff.
• ~sähnliche Lernvorgänge 68 ff.
• ~skarussell 63
präsynaptische Membran 60
primäre Brutheller 135 f.
primäres Gedächtnis 113 f.
Primaten 93
Prinzip der doppelten Quantifizierung 21 f.
Prompting 80
proximate Erklärung 120
prozedurales Gedächtnis 116
psychohydraulisches Instinktmodell 20
Psychologie 120

Stichwortverzeichnis

Radnetze 10
Rangordnung 143
Räuber-Beute-Beziehung 142
Reaktionskette 27 f.
Rechtshänder 110
Reflexbogen 6 f.
Reflexzeit 6
Reifung 8, 30 f.
Reiz 2, 13 ff.
- ~generalisierung 74 f.
- ~kombination 13 f.
- ~schwelle 16, 19 f.
- ~summenregel 16 ff.
- ~überflutung 57
Reproduktionserfolg 122
reproduktiver Wert 36, 133
Revier 142
Rezeptor 6
Reziproker Altruismus 128 ff.
Reziprozität 128 ff.
Rinder 126 f.
Rückkreuzung 46
Rundtanz 103 f.

Saugreflex 38
Schimpansen 99 f.
Schluckreflex 38
Schlüsselreiz 14 f., 24, 28, 39 ff.
Schmerzreaktionen 73
Schmutzgeier 98
Schnauzentremolo 28 f.
Schreckreaktionen 73
Schreikraniche 44
Schutzreflex 74
Schwänzeltanz 103 ff.
Schwarm 126
Schwellenwert 19 f.
- ~erhöhung 20
- ~erniedrigung 20
Seeotter 99
sekundäre Helfer 135
sekundäres Gedächtnis 113 f.
Selbstbewusstsein 101 f.
Selbstwahrnehmung 89, 101 f.
sensible Phase 64 f.
sensorische(s)
- Adaptation 56
- Fasern 5
- Gedächtnis 113 f.
- Nervenzelle 5
sexuelle Fehlprägung 65
sexuelle Prägung 65 f.
Shaping 79 f.
Sherman 109
Sich-Selbst-Erkennen 102
Signalreiz 15
Sinnesnervenzellen 6
Sinnesorgane 5, 14
Sinneszellen 5, 14, 56
Sippenselektion 132
Skinner, B. F. 77

Skinner-Box 77 f.
Sonnenkompassorientierung 104
Soziobiologie 120
soziale Isolierung 47
Spannungsrezeptoren 6
Spermien 4
Sperren 40 f.
Spiegelversuche 101 f.
Spielgesicht 95
Spieltheorie 120
Spielverhalten 89, 94 f.
Spinalganglion 6
Split-Brain-Patient 111
Sprache bei Menschenaffen 107 ff.
Sprachzentren 110 f.
Springspinnen 23 f.
Staat 136 ff.
- Bienen~ 137
- Insekten~ 136 ff.
- Nacktmull 140
steril 136
Stiefeltern 146 f.
Stimmung 21
Strudelwürmer 4
Suchreflex 38
Suchverhalten 20
Survival of the fittest 122 ff.
Symbol 108
Synapse 6
synaptischer Spalt 60
Syntax 108 f.

Taxien 3 f., 25 ff.
Taxis 25 ff.
- ~komponente 27
Teil-Kaspar-Hauser-Versuch 47
Termitenangeln 99
territoriales Verhalten 12
tertiäres Gedächtnis 113
Thermotaxis 4
Thigmotaxis 4
Tinbergen, N. 26
tit for tat 131
Traditionen 86 f.
Transmittersubstanz 60
Trieb- und instinkttheoretischer Ansatz 144 f.
Trieb 21
Triebhandlung 25
Trompetentierchen 58

übernormale Attrappen 16 f.
übernormale Reize 16 f.
überoptimale Attrappen 16
überoptimale Reize 16
UCR 71
UCS 71
ultimate Erklärung 120
Ultraschallsignale 14
Umweglernen 91 f.
unbedingter Reflex 71
unbedingter Reiz 71
Universalien 50
unterschwellige Reize 19

Vampirfledermäuse 129 f.
Variabilität 124
ventral 6
ventrale Wurzel 7
Verhalten 2
- ~sformung 80
- ~sgedächtnis 116
Verwandtschafts
- ~grade beim Menschen 133
- ~grade in einem Insektenstaat 138 f.
- ~koeffizient 132
Verwandtenselektion 120, 132 ff.
Vesikel 60
Vetternwirtschaft 132
Viki 107
Vorderhorn 7

Washoe 107
Wasserflöhe 4
Watson, J. B. 76
Wegschnecke 57 f.
Werbeindustrie 34
Werkzeug
- ~gebrauch 98
- ~herstellung 98 ff.
Wernicke-Aphasie 111
Wernickesches Areal 110
Wilson, E. C. 120
Wissensgedächtnis 116

Zebrafinken 65 f.
Zickzacktanz 28 f.
Ziesel 134 f., 140
Zoologie 44
Zurückholbewegung 26 f.
zweieiige Zwillinge 48
Zwillingsvergleich 39, 48 ff.
Zygote 137

Abbildungsnachweis

nach: Angermeier, W.F., Peters, M.: Bedingte Reaktionen. Berlin 1973, – Mackintosh, N.J.: The Psychology of Animal Learning. London 1974, S. 9: Abb. 60 und 57 (schematischer Versuchsaufbau)
© Berger, I., New York Times Pictures: Abb. 43 rechts
© Blest, A.D: The Evolution of protective displays in the Saturnioidea and Spingidiae (Lepidoptera). Behavior II: 1957 b: Abb. 8
© Bouchard, Thomes J.: Abb. 43 links
© Bunk, B., Tausch, J.: Grundlage der Verhaltenslehre. Hahner Verlag, Aachen [10]1997, S. 135: Abb. 65 A
© Photography by Curl, D.; Drawing by Barrett, P. Priscilla Barrett, Jack of Clubs Barn, Fen Road, Lode Cambs CB5 9HE: Abb. 107
© Dröscher, V.: Tierisch Erfolgreich. Bertelsmannverlag, München 1994: Abb. 86
Eibl-Eibesfeldt, I.: Die Biologie des menschlichen Verhaltens. © Piper Verlag GmbH, München 1984: Abb. 26 A
Eibl-Eibesfeldt, I.: Grundriß der vergleichenden Verhaltensforschung. © Piper Verlag GmbH, München 1987: Abb. 6, 15, 18, 41 und 51
nach Ewert, J.P.: Neurobiologie des Verhaltens. © Hans Huber, Bern 1998 und nach AP-Foto 1997: Abb. 38
© Eidos: Abb. 29
© Focus – Almquist & Wiksell: Abb. 22 und 54
© Franck, Dierk: Verhaltensbiologie. Georg Thieme Verlag, Stuttgart, [3]1997: Abb. 19, 20, 21, 76, 78, 83, 96 und 97
© Freedman, R, Morriss, J.E.: How Animals Learn. Holiday House, Inc., New York 1969: Abb. 45
© Gardner, B.T., Reno, Nevada: Abb. 85
Gattermann, R.: Verhaltensbiologie. Gustav Fischer Verlag, 1993, S. 120 und 324 © Spektrum Akademischer Verlag: Abb. 30 und 80
Gattermann, R.: Verhaltensbiologisches Praktikum. Aulis Verlag Deubner 1990, S. 111 © Urban & Fischer Verlag
Gould, J.L., Gould, C.G.: Bewusstsein bei Tieren. © Spektrum Akademischer Verlag, Heidelberg 1997: Abb. 9, 64, 65, 75 und 82
Grammer, K.: Signale der Liebe. 1993 © by Hoffmann und Campe Verlag, Hamburg: Abb. 27 und 28
Hanke, W., et. al: Praktikum der Zoophysiologie. Gustav Fischer Verlag, 1977, S. 257 © Spektrum Akademischer Verlag: Abb. 7
nach Harlow, H.F.: The nature of love. In: American Psyochologist 13, S. 673 – 685, 1958: Abb. 55
© Hinde, R.A.: Das Verhalten der Tiere. Band 1. Suhrkamp Verlag 1973, S. 42: Abb. 37
© Immelmann, K.: Geist und Psyche. Wörterbuch der Verhaltensforschung. Kindler Taschenbücher, Parey Buchverlag im Blackwell Wissenschafts-Verlag GmbH, Berlin 1975: Abb. 50
Immelmann, K., et al.: Psychobiologie. Gustav Fischer Verlag, 1988, S. 332 © Spektrum Akademischer Verlag: Abb. 53 und 60
nach Itani, Kawamura u. Kawai: Abb. 74
© Jennings, H.S.: Behavior of the lower organisms. Columbia University Press, New York 1906: Abb. 72
© Johns Hopkins University: Abb. 63 (Foto)
© Kolb, B., Milner, B., Taylor, L.: Perception of faces by patients with localized cortical excisions. aus: Canadian Journal of Psychology 37 : 8 – 18, 1983: Abb. 89
Koops, Milena Sophie: Abb. 1 und 79
© Krebs, Davies: Einführung in die Verhaltensökologie. Thieme Verlag Stuttgart: Abb. 102
nach Kroeber-Riel, W.: Bildkommunikation. Verlag Franz Vahlen, München 1993: Abb. 26 B
© Lippert, H.: Anatomie. Urban & Schwarzenberg, München [6]1995, S. 13: Abb. 25
Language Research Center: © Sue Savage-Rumbaugh: Abb. 87
aus Lehmann, J., Liepe, J.: Wort und Bild. Verlag Moritz Diesterweg, Frankfurt a. Main 1974: Abb. 71
Lewontin, R.: Menschen; genetische, kulturelle und soziale Gemeinsamkeiten. © Spektrum Verlag, Heidelberg 1986: Abb. 93
© McFarland, D.: Animal Behaviour. Addison Wesley Longman Ltd., 1989: Abb. 72
nach Munn, N.L.: The Fundamentals of Human Adjustment. George G. Harrap & Co. Ltd., London 1961: Abb. 77
Plomin, R., et al.: Gene, Umwelt und Verhalten. © für die deutsche Ausgabe Verlag Hans Huber, Bern 1999: Abb. 101
© Popperfoto/Bilderberg: Abb. 57 (Foto von Pawlow)
© Provine, R.: Abb. 23
nach Scheller, R.H., Axel, R.: How genes control an innate behaviour. Scientific American 250, 1984: Abb. 47
© aus: Schülerduden „Die Psychologie": Abb. 64 (links)
Sheldrake, R.: Das Gedächtnis der Natur. © 1992 alle deutschsprachigen Rechte by Scherz Verlag, Bern, München, Wien: Abb. 73
Siewing, R. (Hrsg.): Lehrbuch der Zoologie. Gustav Fischer Verlag, [3]1980, © Spektrum Akademischer Verlag: Abb. 2 und 39
aus Sossinka, R.: Ethologie. Morit Diesterweg Verlag, Frankfurt a. Main 1981: Abb. 11
Spitz, R.A: Vom Säugling zum Kleinkind. Naturgeschichte der Mutter-Kind-Beziehung im ersten Lebensjahr. Aus dem Engl. von Gudrun Theusner-Stampa. Unter Mitarb. von W. Godfrey Cobliner © 1965 by International Universities Press, Inc. New York. Klett-Cotta, Stuttgart 1967: Abb. 56
© Tinbergen, N.: Instinktlehre. Parey Buchverlag im Blackwell Wissenschafts-Verlag GmbH, Berlin 1952: Abb. 35 und 36
© Tinbergen, N.: The Study of Instinct. Oxford University Press, 1951: Abb. 10
nach Tinbergen, N., Time-Life Redaktion: Tiere und ihr Verhalten. Christian Verlag, Time Inc. 1966: Abb. 24, 32, 33, 34 und Kapitelbild 1
© Urban & Fischer Verlag: Abb. 14
© von Lawick, H.: Abb. 81
© photo by Frans de Waal: Abb. 108
© Weiß, K.: Bienen und Bienenvölker. C.H.Beck Wissen in der Beck'schen Reihe Nr. 2067, Verlag C.H.Beck, München 1997: 104
Westen, D.: Psychology. © 1996 Translated by permission of John Wiley & Sons, Inc. All rights reserved: Abb. 62
aus Zimbardo, P.G.: Psychologie. Pearson Education, Essex 1983, photography Ken Heyman: Abb. 31

Folgende Abbildungen wurden von Peter Kornherr, Dorfen angefertigt: Umschlagsbild, Kapitelbild 4, Abb. 4, 49, 68 und 69

Der Verlag hat sich bemüht, die Urheber der in diesem Werk abgedruckten Abbildungen ausfindig zu machen. Wo dies nicht gelungen ist, bitten wir diese sich gegebenenfalls an den Verlag zu wenden.

Sicher durch das Abitur!

Effektive Abitur-Vorbereitung für Schülerinnen und Schüler:
Klare Fakten, systematische Methoden, prägnante Beispiele sowie Übungs-
aufgaben auf Abiturniveau <u>mit erklärenden Lösungen zur Selbstkontrolle.</u>

Mathematik

Analysis Pflichtteil – Baden-Württemberg .... Best.-Nr. 84001
Analysis Wahlteil – Baden-Württemberg .... Best.-Nr. 84002
Analytische Geometrie Pflicht-/Wahlteil BW .... Best.-Nr. 84003
Analysis – LK .... Best.-Nr. 94002
Analysis – gk .... Best.-Nr. 94001
Analytische Geometrie und lineare Algebra 1 ...... Best.-Nr. 94005
Analytische Geometrie und lineare Algebra 2 ...... Best.-Nr. 54008
Stochastik – LK .... Best.-Nr. 94003
Stochastik – gk .... Best.-Nr. 94007
Kompakt-Wissen Abitur Analysis .... Best.-Nr. 900151
Kompakt-Wissen Abitur Analytische Geometrie .... Best.-Nr. 900251
Kompakt-Wissen Abitur
Wahrscheinlichkeitsrechnung und Statistik .... Best.-Nr. 900351
Wiederholung Geometrie .... Best.-Nr. 90010
Wiederholung Algebra .... Best.-Nr. 90009

Physik

Elektrisches und magnetisches Feld (LK) .... Best.-Nr. 94308
Elektromagnetische Schwingungen
und Wellen (LK) .... Best.-Nr. 94309
Atom- und Quantenphysik (LK) .... Best.-Nr. 943010
Kernphysik (LK) .... Best.-Nr. 94305
Physik 1 (gk) .... Best.-Nr. 94321
Physik 2 (gk) .... Best.-Nr. 94322
Kompakt-Wissen Abitur Physik 1
Mechanik, Wärmelehre, Relativitätstheorie .... Best.-Nr. 943012
Kompakt-Wissen Abitur Physik 2
Elektrizität, Magnetismus und Wellenoptik .... Best.-Nr. 943013
Kompakt-Wissen Abitur Physik 3
Quanten, Kerne und Atome .... Best.-Nr. 943011

Chemie

Training Methoden Chemie .... Best.-Nr. 947308
Chemie 1 – Baden-Württemberg .... Best.-Nr. 84731
Chemie 2 – Baden-Württemberg .... Best.-Nr. 84732
Chemie 1 – Bayern LK K 12 .... Best.-Nr. 94731
Chemie 2 – Bayern LK K 13 .... Best.-Nr. 94732
Chemie 1 – Bayern gk K 12 .... Best.-Nr. 94741
Chemie 2 – Bayern gk K 13 .... Best.-Nr. 94742
Rechnen in der Chemie .... Best.-Nr. 84735
Abitur-Wissen Protonen und Elektronen .... Best.-Nr. 947301
Abitur-Wissen
Struktur der Materie und Kernchemie .... Best.-Nr. 947303
Abitur-Wissen
Stoffklassen organischer Verbindungen .... Best.-Nr. 947304
Abitur-Wissen Biomoleküle .... Best.-Nr. 947305
Abitur-Wissen Biokatalyse u. Stoffwechselwege .. Best.-Nr. 947306
Abitur-Wissen
Chemie am Menschen – Chemie im Menschen .... Best.-Nr. 947307
Kompakt-Wissen Abitur Chemie Organische Stoffklassen
Natur-, Kunst- und Farbstoffe .... Best.-Nr. 947309
Kompakt-Wissen Abitur Chemie Anorganische Chemie,
Energetik, Kinetik, Kernchemie .... Best.-Nr. 947310

Biologie

Training Methoden Biologie .... Best.-Nr. 94710
Biologie 1 – Baden-Württemberg .... Best.-Nr. 84701
Biologie 2 – Baden-Württemberg .... Best.-Nr. 84702
Biologie 1 – Bayern LK K 12 .... Best.-Nr. 94701
Biologie 2 – Bayern LK K 13 .... Best.-Nr. 94702
Biologie 1 – Bayern gk K 12 .... Best.-Nr. 94715
Biologie 2 – Bayern gk K 13 .... Best.-Nr. 94716
Chemie für Biologen .... Best.-Nr. 54705
Abitur-Wissen Genetik .... Best.-Nr. 94703
Abitur-Wissen Neurobiologie .... Best.-Nr. 94705
Abitur-Wissen Verhaltensbiologie .... Best.-Nr. 94706
Abitur-Wissen Evolution .... Best.-Nr. 94707
Abitur-Wissen Ökologie .... Best.-Nr. 94708
Abitur-Wissen Zell- und Entwicklungsbiologie ..... Best.-Nr. 94709
Kompakt-Wissen Biologie
Zellbiologie · Genetik · Neuro- und Immunbiologie
Evolution – Baden-Württemberg .... Best.-Nr. 84712
Kompakt-Wissen Abitur Biologie Zellen und Stoffwechsel
Nerven, Sinne und Hormone · Ökologie .... Best.-Nr. 94712
Kompakt-Wissen Abitur Biologie Genetik und Entwicklung
Immunbiologie · Evolution · Verhalten .... Best.-Nr. 94713
Lexikon Biologie .... Best.-Nr. 94711

Geschichte

Training Methoden Geschichte .... Best.-Nr. 94789
Geschichte 1 – Baden-Württemberg .... Best.-Nr. 84761
Geschichte 2 – Baden-Württemberg .... Best.-Nr. 84762
Geschichte 1 – Bayern .... Best.-Nr. 94781
Geschichte 2 – Bayern .... Best.-Nr. 94782
Geschichte 1 – NRW .... Best.-Nr. 54761
Geschichte 2 – NRW .... Best.-Nr. 54762
Geschichte 1 .... Best.-Nr. 84761A
Geschichte 2 .... Best.-Nr. 84762A
Abitur-Wissen Die Antike .... Best.-Nr. 94783
Abitur-Wissen Das Mittelalter .... Best.-Nr. 94788
Abitur-Wissen Die Französische Revolution .... Best.-Nr. 947810
Abitur-Wissen Die Ära Bismarck: Entstehung und
Entwicklung des deutschen Nationalstaats .... Best.-Nr. 94784
Abitur-Wissen
Imperialismus und Erster Weltkrieg .... Best.-Nr. 94785
Abitur-Wissen Die Weimarer Republik .... Best.-Nr. 47815
Abitur-Wissen
Nationalsozialismus und Zweiter Weltkrieg .... Best.-Nr. 94786
Deutschland von 1945 bis zur Gegenwart .... Best.-Nr. 947811
Kompakt-Wissen Abitur Geschichte Oberstufe .... Best.-Nr. 947601
Lexikon Geschichte .... Best.-Nr. 94787

Wirtschaft/Recht

Betriebswirtschaft .... Best.-Nr. 94851
Abitur-Wissen Volkswirtschaft .... Best.-Nr. 94881
Abitur-Wissen Rechtslehre .... Best.-Nr. 94882
Kompakt-Wissen Abitur Volkswirtschaft .... Best.-Nr. 948501

(Bitte blättern Sie um)

Politik

Abitur-Wissen Internationale Beziehungen	Best.-Nr. 94802
Abitur-Wissen Demokratie	Best.-Nr. 94803
Abitur-Wissen Sozialpolitik	Best.-Nr. 94804
Abitur-Wissen Die Europäische Einigung	Best.-Nr. 94805
Abitur-Wissen Politische Theorie	Best.-Nr. 94806
Kompakt-Wissen Abitur Politik/Sozialkunde	Best.-Nr. 948001
Lexikon Politik/Sozialkunde	Best.-Nr. 94801

Erdkunde

Training Methoden Erdkunde	Best.-Nr. 94901
Geographie Atmosphäre · Küstenlandschaften in Europa Wirtschaftsprozesse und -strukturen – Baden-Württemberg	Best.-Nr. 84902
Erdkunde Relief- und Hydrosphäre · Wirtschaftsprozesse und -strukturen · Verstädterung	Best.-Nr. 84901A
Abitur-Wissen GUS-Staaten/Russland	Best.-Nr. 94908
Abitur-Wissen Entwicklungsländer	Best.-Nr. 94902
Abitur-Wissen USA	Best.-Nr. 94903
Abitur-Wissen Europa	Best.-Nr. 94905
Abitur-Wissen Asiatisch-pazifischer Raum	Best.-Nr. 94906
Kompakt-Wissen Abitur Erdkunde Allgemeine Geografie · Regionale Geografie	Best.-Nr. 949010
Lexikon Erdkunde	Best.-Nr. 94904

Deutsch

Training Methoden Deutsch	Best.-Nr. 944062
Dramen analysieren und interpretieren	Best.-Nr. 944092
Erörtern und Sachtexte analysieren	Best.-Nr. 944094
Gedichte analysieren und interpretieren	Best.-Nr. 944091
Epische Texte analysieren und interpretieren	Best.-Nr. 944093
Übertritt in die Oberstufe	Best.-Nr. 90409
Abitur-Wissen Erörtern und Sachtexte analysieren	Best.-Nr. 944064
Abitur-Wissen Textinterpretation	Best.-Nr. 944061
Abitur-Wissen Deutsche Literaturgeschichte	Best.-Nr. 944405
Abitur-Wissen Prüfungswissen Oberstufe	Best.-Nr. 944400
Kompakt-Wissen Rechtschreibung	Best.-Nr. 944065
Lexikon Autoren und Werke	Best.-Nr. 944081

Ethik

Ethische Positionen in historischer Entwicklung (gk)	Best.-Nr. 94951
Abitur-Wissen Philosophische Ethik	Best.-Nr. 94952
Abitur-Wissen Glück und Sinnerfüllung	Best.-Nr. 94953
Abitur-Wissen Freiheit und Determination	Best.-Nr. 94954
Abitur-Wissen Recht und Gerechtigkeit	Best.-Nr. 94955
Abitur-Wissen Religion und Weltanschauungen	Best.-Nr. 94956
Abitur-Wissen Wissenschaft – Technik – Verantwortung	Best.-Nr. 94957
Abitur-Wissen Politische Ethik	Best.-Nr. 94958
Lexikon Ethik und Religion	Best.-Nr. 94959

Pädagogik / Psychologie

Grundwissen Pädagogik	Best.-Nr. 92480
Grundwissen Psychologie	Best.-Nr. 92481

Latein

Abitur-Wissen Lateinische Literaturgeschichte	Best.-Nr. 94602
Wiederholung Grammatik	Best.-Nr. 94601
Wortkunde	Best.-Nr. 94603
Kompakt-Wissen Kurzgrammatik	Best.-Nr. 906011

Französisch

Landeskunde Frankreich	Best.-Nr. 94501
Themenwortschatz	Best.-Nr. 94503
Literatur	Best.-Nr. 94502
Abitur-Wissen Literaturgeschichte	Best.-Nr. 94506
Kompakt-Wissen Abitur Themenwortschatz	Best.-Nr. 945010
Kompakt-Wissen Kurzgrammatik	Best.-Nr. 945011

Religion

Katholische Religion 1 (gk)	Best.-Nr. 84991
Katholische Religion 2 (gk)	Best.-Nr. 84992
Abitur-Wissen gk ev. Religion Der Mensch zwischen Gott und Welt	Best.-Nr. 94973
Abitur-Wissen gk ev. Religion Die Verantwortung des Christen in der Welt	Best.-Nr. 94974
Abitur-Wissen Glaube und Naturwissenschaft	Best.-Nr. 94977
Abitur-Wissen Jesus Christus	Best.-Nr. 94978
Abitur-Wissen Die Frage nach dem Menschen	Best.-Nr. 94990
Abitur-Wissen Die Bibel	Best.-Nr. 94992
Abitur-Wissen Christliche Ethik	Best.-Nr. 94993
Lexikon Ethik und Religion	Best.-Nr. 94959

Sport

Bewegungslehre	Best.-Nr. 94981
Trainingslehre	Best.-Nr. 94982

Kunst

Abitur-Wissen Kunst Grundwissen Malerei	Best.-Nr. 94961
Abitur-Wissen Kunst Analyse und Interpretation	Best.-Nr. 94962

Englisch

Übersetzungsübung	Best.-Nr. 82454
Grammatikübung	Best.-Nr. 82452
Themenwortschatz	Best.-Nr. 82451
Grundlagen der Textarbeit	Best.-Nr. 94464
Sprachmittlung	Best.-Nr. 94469
Textaufgaben Literarische Texte und Sachtexte Baden-Württemberg	Best.-Nr. 84468
Textaufgaben Literarische Texte und Sachtexte	Best.-Nr. 94468
Grundfertigkeiten des Schreibens	Best.-Nr. 94466
Sprechfertigkeit mit CD	Best.-Nr. 94467
Englisch – Übertritt in die Oberstufe	Best.-Nr. 82453
Abitur-Wissen Landeskunde Großbritannien	Best.-Nr. 94461
Abitur-Wissen Landeskunde USA	Best.-Nr. 94463
Abitur-Wissen Literaturgeschichte	Best.-Nr. 94465
Kompakt-Wissen Abitur Themenwortschatz	Best.-Nr. 90462
Kompakt-Wissen Kurzgrammatik	Best.-Nr. 90461
Kompakt-Wissen Abitur Landeskunde/Literatur	Best.-Nr. 90463
Kompakt-Wissen Abitur Landeskunde/Literatur – NRW	Best.-Nr. 50463

Bestellungen bitte direkt an: STARK Verlagsgesellschaft mbH & Co. KG
Postfach 1852 · 85318 Freising · Tel: 08161 / 179-0 · FAX: 08161 / 179-51
Internet: www.stark-verlag.de · E-Mail: info@stark-verlag.de